计算机网络基础

主编 李书标 黄书林

北京理工大学出版社
BEIJING INSTITUTE OF TECHNOLOGY PRESS

内 容 简 介

本书采用"行动导向、任务驱动"的方法,从初学者角度出发,组织学习内容,突出应用性和实践性,将计算机网络基础知识与实际应用相结合。

本书主要内容分为6个项目,分别是组建小型局域网——家庭篇、组建中型局域网——公司篇、组建大型局域网——校园篇、局域网管理——运维篇、组建无线局域网——移动篇、互联网应用——生活篇,每个项目包括若干任务,每个任务包括"任务描述""知识背景""动手实践""拓展知识""思考与实训"5个模块。

本书适合高等院校计算机网络技术专业、计算机应用专业及其他相关专业教学使用。

图书在版编目(CIP)数据

计算机网络基础 / 李书标,黄书林主编. —北京:北京理工大学出版社,2018.9

ISBN 978 - 7 - 5682 - 5516 - 5

Ⅰ.①计… Ⅱ.①李… ②黄… Ⅲ.①计算机网络 Ⅳ.①TP393

中国版本图书馆 CIP 数据核字(2018)第 079146 号

出版发行 / 北京理工大学出版社有限责任公司

社　　址 / 北京市海淀区中关村南大街 5 号

邮　　编 / 100081

电　　话 / (010)68914775(总编室)

　　　　　(010)82562903(教材售后服务热线)

　　　　　(010)68948351(其他图书服务热线)

网　　址 / http://www.bitpress.com.cn

经　　销 / 全国各地新华书店

印　　刷 / 保定华泰印刷有限公司

开　　本 / 787 毫米×1092 毫米　1/16

印　　张 / 13.5　　　　　　　　　　　　　　　责任编辑 / 张荣君

字　　数 / 309 千字　　　　　　　　　　　　　文案编辑 / 张荣君

版　　次 / 2018 年 9 月第 1 版　2018 年 9 月第 1 次印刷　　责任校对 / 周瑞红

定　　价 / 65.00 元　　　　　　　　　　　　　责任印制 / 边心超

先举个例子：随着家庭轿车的普及，越来越多的人开始使用汽车，其中 99% 的人可能只会开车，不会修理汽车，也不完全了解汽车的内部构造，但这并不影响我们使用汽车。对于汽车修理工程师来说，很显然要精通汽车的内部构造。对于初入行的汽车维修人员是怎样变成熟练的汽车修理工程师的呢？这一定是在 4S 店首先看修车师傅怎样修车，慢慢自己开始动手，还要有师傅的指导，必要时参考维修手册，在不断的实践中练成修车能手。这种模式"动手 + 理论 + 师傅指导"同样也适用于计算机网络的学习。

本书就是采用"动手 + 理论 + 师傅指导"这种模式编写的，体现以应用为核心，以培养学生实际动手能力为重点，采用项目任务式编写体例，将理论知识融入每一个任务案例，通过动手完成任务，强化操作训练，力求做到"做、学、教"一体化，从而达到掌握知识与提高技能的目的。

本书有明暗两条线，明线是工作任务，暗线是理论知识。

按照从家庭网到校园网再到网络的运维管理，按从小到大的网络规模组织学习内容，用简单工作任务到复杂工作任务来贯穿，读者学习后能够很快地应用到工作实践中，这就是明线；在"动手实践"环节，用"说明"或"注意"来介绍用到的理论知识，在"知识拓展"环节，介绍与完成工作任务有关联的课外阅读材料，以体现知识的系统性，这就是所说的暗线。

本书共分 6 个项目，每个项目下以任务为单位，每个任务又由若干模块组成，包括"任务描述"（本阶段具体的工作任务及其达成效果）、"知识背景"（本任务所需相关技术知识）、"动手实践"（完成要求的工作任务，先学会模仿，再进行创新）、"拓展知识"（相关的一些操作技能或与正文有关联的课外阅读材料，以体现知识的系统性）、"思考与实训"（用单选题巩固理论知识；设置实训题，巩固操作技能，提出一些操作过程中的实际问题，让学生在实际操作中自行解决）。

本书以"适用、实用、够用"为原则，将理论支撑与实践应用相结合，避开空洞的理论讲解及无理论支撑的泛泛实践操作，更符合企业人才需求。将岗位典型工作任务转换为教学项目，符合学生的心理特征和从新手到熟手的技能形成规律。同时，教材内容也引进了现实生活中使用的新技术和新产品。

由于本书的主要教学内容涉及线缆制作及测试、简单服务器的安装配置、网络调试等操作性很强的教学环节，必须通过实验、实训才能达到应用技能的培养目标。因此有以下建议。

（1）在教学过程中应加强学生操作技能的培养，采用案例教学或项目教学，注重以任务引领，提高学生学习兴趣。

（2）教学可在实训室进行，充分体现"做中学"的理念。

（3）教师必须重视学习新技术，能紧跟技术发展潮流。

（4）授课过程中注意学生职业素质的培养，包括解决问题的综合能力，充分发展自己的个性特长，培养良好的工程规范、团队合作的精神及自身可持续发展的研究探索能力。

由于编者水平有限，书中难免有疏漏或不妥之处，恳请各位读者和专家批评指正。

编　者

CONTENTS

目录

项目 1

组建小型局域网——家庭篇

目前，一个家庭拥有多台计算机的现象越来越普遍。使用成熟的有线局域网技术构建家庭局域网，可方便地实现家庭计算机的文件和打印共享、Internet 共享、媒体中心等功能。当家庭局域网组建成功后，就会发现它也可以玩转局域网的各种应用，甚至可以为今后学习大中型局域网络的组建打下坚实的基础。

学习本项目后，可以了解和掌握以下内容。

1. 计算机网络的组成、分类及应用。

2. 网卡、网线的种类及其主要特点。

3. 网线制作的基本特点、方法及使用的材料和工具，能够独立制作网线。

4. 无线路由器配置家庭无线局域网的技能。

5. TCP/IP 协议的作用及其配置主机的 TCP/IP 协议信息。

■组建家庭有线网络

■组建家庭有线 / 无线混合局域网

任务1 组建家庭有线网络

1.1.1 任务描述

小明作为新入职的员工，公司分配给他的第一个任务是给王教授家安装家庭局域网。通过与王教授沟通，他了解到王教授家有 3 台计算机并放在 3 个房间，想用简单的方法把家里的 3 台计算机连接起来，让家庭成员之间共用一个互联网账号上网、共用一台打印机，且计算机之间可以共享资源。小明明确了自己的首要任务是将王教授家的 3 台计算机组建成局域网。

1.1.2 知识背景

要实现家庭计算机之间的资源共享与互联网共享，就要组建家庭局域网。组建局域网之前，要先做好准备工作，那就是确定组网方案、设计家庭局域网的拓扑结构、选购网络设备。

1. 确定组网方案

小明确定了组建家庭局域网来实现王教授的需求，由于家庭局域网中的计算机比较少，只有两三台，所以其局域网不会太复杂，往往是组建对等网，对等网中没有服务器与客户端的严格区分。

> **说明**
>
> （1）局域网（Local Area Network，LAN）是一种在有限的地理范围内构成的规模相对较小的计算机网络，其覆盖范围一般在方圆几千米以内。例如，将一座大楼、一个公司、一个工厂或一个校园内分散的计算机、打印机等设备连接起来的网络都属于局域网。
>
> 局域网一般为一个部门或一个单位所有，建网、维护及扩展等较容易，系统灵活性较高。
>
> （2）对等网采用分散管理的方式，网络中的每台计算机既可作为客户机又可作为服务器来工作，每个用户都可以管理自己计算机上的资源。对等网的特征是网络内不需要专用的服务器，相互之间是一种平等关系，即不同计算机之间可互相访问、进行文件交换或使用其他计算机上的共享打印机等。

2. 设计家庭局域网的拓扑结构

网络拓扑结构是指用传输媒体互连各种设备的物理布局，即用什么方式把网络中的计算机等设备连接起来。

王教授家有 3 台计算机和一台打印机，小明决定采用星型结构将各台计算机联结起来，其拓扑结构如图 1-1 所示。

> **说明**
>
> 拓扑结构图是指由网络节点设备和通信介质构成的网络结构图。在计算机网络中，将主机、终端、通信设备等节点抽象为点，将通信线路抽象为线，形成点和线组成的图形，使人

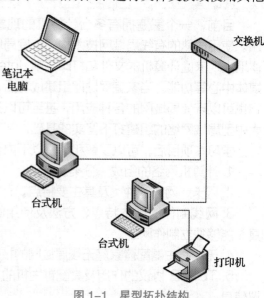

图 1-1　星型拓扑结构

们对网络整体有明确的印象。

在选择拓扑结构时，主要考虑的因素有安装的相对难易程度、重新配置的难易程度、维护的相对难易程度，以及通信介质发生故障时，受到影响的设备的情况。

星型拓扑由中央节点和通过点到点通信链路接到中央节点的各个站点组成，其中中央节点执行集中式通信控制策略，各个站点的通信处理负担都很小。目前流行的中央节点为交换机的网络就是星型拓扑结构的典型实例。

星型拓扑结构具有以下几个优点。

（1）结构简单，连接方便，管理和维护都相对容易，而且扩展性强。

（2）网络延迟时间较小，传输误差低。

（3）在同一网段内支持多种传输介质，除非中央节点有故障，否则网络不会轻易瘫痪。

（4）每个节点直接连到中央节点，故障容易检测和隔离，可以很方便地排除有故障的节点。

因此，星型网络拓扑结构是目前应用最广泛的一种网络拓扑结构。

3. 选购网络设备

小明确定好采用星型网络拓扑结构组建王教授家的有线局域网后，开始准备组网所需的设备和网线，如表1–1所示。

表1–1　组网所需设备

设备名称	单位	数量	备注
交换机	台	1	8个网口
网线（双绞线）	条	4	每条长度按实际计算，可以自己制作
RJ45插头	个	10	如果自己制作网线才需要
网卡	块	3	一般计算机的主板上都带有网卡，按实际需要购买

说明

1）交换机

交换机（Switch）是一种用于电（光）信号转发的网络设备，它可以为接入交换机的任意两个网络节点提供独享的电信号通路。最常见的交换机为以太网交换机。

通过交换机，可以将接入的信息重新进行生成，再通过内部处理转发到指定的端口，达到自动寻址和交换的作用，从而避免出现端口冲突的问题，防止传输冲突、提升网络吞吐。

2）双绞线

双绞线是局域网中最常用的传输介质，剥除外包皮后即可见到它的4对（8条）芯线，并且可以看到每对芯线的颜色都不同。每对缠绕的两根芯线是由一根全色护套线和半色护套线组成。4条全色芯线的颜色为棕色、橙色、绿色、蓝色。4对芯线中的白色不是纯白色，而是带有与之成对的那条芯线颜色的花白，这主要是为了方便用户在制作水晶头时区别线对。因此，8条芯线的颜色分别为橙白、橙、绿白、绿、蓝白、蓝、棕白和棕色。双绞线外观如图1–2所示。

（1）根据屏蔽类型不同，双绞线可分为屏蔽双绞线（STP）和非屏蔽双绞线（UTP）两大类。屏蔽双绞线是在双绞线与外层绝缘皮之间有一层铝铂包裹，以减小辐射，但并不能完全消除辐射，其价格相对较高，安装时要比非屏蔽双绞线电缆困难。屏蔽双绞线一般使用在安全性能要求较高的网络环境中，其外观如图1–3所示。

图1-2　双绞线外观

图1-3　屏蔽双绞线

（2）根据传输数据的特点，双绞线可分为以下几类。

五类：标识为 CAT5，主要用于 100Mbps 网络，有效工作长度为 100m。

超五类：标识为 CAT5E，支持 100Mbps 网络，如果施工质量（打线）及线材料本身质量过硬，可以支持短距离 1000Mbps 传输。

六类：标识为 CAT6，一般用于 1000MB 网络。

以上 3 类各有屏蔽线与非屏蔽线之别。超五类非屏蔽双绞线和屏蔽双绞线如图 1-2 和图1-3 所示；六类非屏蔽双绞线和屏蔽双绞线如图 1-4 和图 1-5 所示。

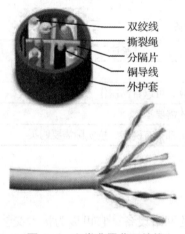

双绞线
撕裂绳
分隔片
铜导线
外护套

图1-4　六类非屏蔽双绞线

图1-5　六类屏蔽双绞线

3）RJ45 插头

RJ45 插头是一种只能沿固定方向插入并自动防止脱落的塑料接头，双绞线的两端必须都安装这种 RJ45 插头，以便插在网卡或交换机的 RJ45 接口上进行网络通信。

RJ45 插头是网络连接中重要的接口设备，因其外观像水晶一样晶莹透亮而得名为"水晶头"。RJ45 非屏蔽超五类水晶头的正面和反面如图 1-6 和图 1-7 所示。

图1-6　五类 RJ-45 水晶头（正面）

图1-7　五类 RJ-45 水晶头（反面）

六类水晶头因为铜芯比较粗，8 根触点是分两排排列的，上面四根、下面四根，为上下互相交错的布局方式。它由内部的分线件和外壳两部分组成，如图 1-8 所示。

超五类水晶头的 8 根触点（金属片）是分一排排列的。

4）网卡

网卡是局域网中连接计算机和传输介质的接口，计算机与外界局域网的连接是通过主机箱内插入的一块网络接口板。网络接口板又称为通信适配器或网络适配器或网络接口卡（Network Interface Card，NIC），一般简称为"网卡"。

目前，计算机的主板上都集成网卡，并带有 RJ45 接口，而且还自带两个状态指示灯，通过状态指示灯颜色可初步判断网卡的工作状态，如图 1-9 所示。

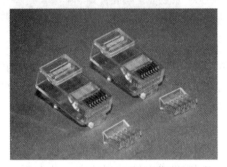

RJ45 网卡接口

图 1-8　六类 RJ45 水晶头　　　　　　　图 1-9　RJ45 网卡接口

1.1.3　动手实践

1. 端接 RJ45 网线插头

1）超五类网线插头的端接

端接 RJ45 网线插头是组建局域网的基础技能，其方法并不复杂。其实就是把双绞线的 4 对（8 条）芯线按一定的规则制作到 RJ45 插头中，如图 1-10 所示。网线插头的端接基本上分为以下几步。

步骤 1：材料和工具准备。

所需材料为超五类双绞线和 RJ45 插头，使用的工具为专用的网线钳（也称 RJ45 钳）和网线测试仪，如图 1-11 和图 1-12 所示。

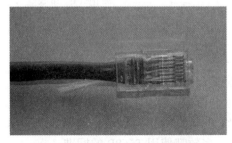

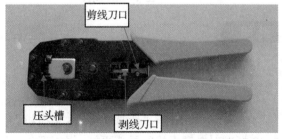

剪线刀口

压头槽

剥线刀口

超五类网线
插头端接

图 1-10　端接好的 RJ45 网线插头　　　　　图 1-11　网线钳

不能忽视水晶头的质量，劣质的水晶头不仅会造成网线与网卡的接触不好，还会影响网络传输的速度。网线的质量更不能忽视，优质网线中的铜线质量好、粗细符合要求，网络传输速度快，也不容易被折断，名牌网线一箱的尺寸为 305m。

超五类双绞线采用 4 个绕对和 1 条抗拉线，线对的颜色与五类双绞线完全相同，五类非屏蔽双绞线采用 4 个绕对，但没有抗拉线，价格与超五类相差不大，因此，布线时多数都采用超五类双绞线。

图 1-12　网线测试仪

步骤 2：剥线。

首先剪掉端头破损的双绞线，把网线放入网线钳的剥线刀口，然后握紧钳把，转动网线钳，将网线外绝缘胶皮护套长度剪掉 1.5~2cm，露出 8 条不同颜色的线芯。剥线时一定要用力适当，既不能损伤 8 根线芯的绝缘层，也不能损伤任何一根铜线芯，如图 1-13 所示。

步骤 3：排线。

先将端头已经剥去外绝缘护套的双绞线按照对应颜色拆分为 4 对，再将缠绕在一起的细铜线分开，把 8 根芯线全部捋直，然后按照 EIA/TIA568B 标准把它们排列整齐，从左至右的顺序为白橙、橙、白绿、蓝、白蓝、绿、白棕、棕，如图 1-14 所示。

图 1-13　剥线

图 1-14　排线

网线线序标准如下。

EIA/TIA568A：白绿、绿、白橙、蓝、白蓝、橙、白棕、棕。

EIA/TIA568B：白橙、橙、白绿、蓝、白蓝、绿、白棕、棕。

直通线：适用于"计算机←→交换机"，网线两端使用相同标准，通常认为 EIA/TIA568B 标准对电磁干扰的屏蔽更好，在实际应用中，大多数都使用 T568B 的标准。

交叉线：适用于"计算机←→计算机"，网线两端分别使用 EIA/TIA 568A 和 B 标准。

步骤 4：剪线。

将按顺序摆放的网线放入网线钳的剪线刀口，留出约水晶头长度 70% 的网线，其余的利用钳子剪掉，尽量剪齐一些，否则会出现断网的情况，如图 1-15 所示。用拇指按紧，以免出现不平整的情况，如图 1-16 所示。

图 1-15　剪线

图 1-16　用拇指按紧

步骤 5：插线。

将水晶头有塑料弹簧片的一端向下，有金属针脚的一端向上，把整齐的 8 股线插入水晶头，并使其紧紧地顶在顶端，直到水晶头顶端的铜线清晰可见为止，如图 1-17 所示。注意，网线胶皮要放入水晶头内，因为这样才能使水晶头端接的牢固。

步骤 6：压线。

把水晶头插入网线钳的压头槽内，用力握紧压线钳，将突出在外面的针脚全部压入水晶头，如图 1-18 所示。网线另一端的水晶头用同样的方法制作完成。

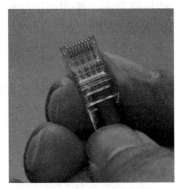

图 1-17　插线

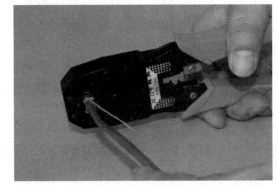

图 1-18　压线

步骤 7：测线。

把端接好的网线两端的水晶头分别插入网线测试仪的主测试端和远程测试端 RJ45 接口上，打开网线测试仪的开关，此时观察网线测试仪上主测试端和远程测试端的 1~8 号灯是否依次且同步亮起，如图 1-19 所示。如果灯不是按顺序亮，则代表线序排错，如果有某个灯不亮，则这个灯代表的线不能正常导通。

> **说明**
>
> 网线测试仪可以用来检查网线的 8 条线路传输信号是否畅通，测试水晶头的接法是否正确。网线测试仪可以将其分

图 1-19　测线

为两个盒子，其中比较大的盒子上面标有 MASTER 字样，为主测试端；另外一个比较小的盒子上面标有 REMOTE 字样，为远程测试端。

网线测试仪开关有 3 个挡，分别是 OFF（关）、ON（开）、S（慢），切换到 S 挡时，测试灯闪得慢。

对于超五类双绞线来说，其实网线中 8 根线仅用到 4 根，只要 1、2、3、6 这 4 根线通了就可以正常上网。

用以上方法将所有的网线制作好后，就可按图 1-1 中的网络拓扑结构将交换机与计算机连接好，实现计算机之间的物理连接。

2）六类网线插头的端接

六类非屏蔽双绞线的各项参数都有大幅提高，带宽也扩展至 250Mbps 或更高。它在外形上和结构上与五类或超五类双绞线有一定的差别，不仅增加了绝缘的十字骨架，将双绞线的 4 对线分别置于十字骨架的 4 个凹槽内，而且电缆的直径也更粗。电缆中央的十字骨架随长度的变化而旋转角度，将 4 对双绞线卡在骨架的凹槽内，保持它们的相对位置，提高电缆的平衡特性和串扰衰减，保证在安装过程中电缆的平衡结构不遭到破坏。

六类水晶头与五类水晶头也有区别，六类网线线径较超五类网线线径粗，而六类水晶头与五类水晶头的外部接口大小是一样的。因此，六类水晶头的线序截面是双层排列的，一般是上面 4 根、下面 4 根。双层排列的六类水晶头端接方法，大体上可分为以下几步。

步骤 1：剥线。

把网线放入网线钳的剥线刀口，然后握紧钳把，用剥线刀在离网线端部 3~4cm 的位置转一圈，把网线外壳胶皮剥去，再用网线钳或剪刀把网线中的防拉线剪去，操作要领与超五类线相同。

六类网线插头端接

步骤 2：剪掉十字骨架。

把 4 股线分开，如图 1-20 所示，剪掉中间的十字骨架，不用把骨架完全剪到根部，可以留一些。在将分线件插入水晶头外壳时，留下的骨架可以起推力的作用，使分线件更容易地插到水晶头的根部。

步骤 3：排线。

把网线进行排序，线序要求与超五类一样，按 EIA/TIA 568B 标准排序即可。

步骤 4：插入分线件。

将网线插入水晶头的分线件上，注意插入时的线序要正确。分线件沿导线往下拉，尽量推到底，最大限度地减少绕对的破开距离。这里有一个小窍门，如果将排好的线直接穿入分线件中，不是很容易，可以用钳子将线剪成斜口，这样就可以方便地穿入分线件了，如图 1-21 所示。

图 1-20　六类双绞线

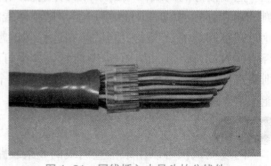

图 1-21　网线插入水晶头的分线件

步骤 5：剪线。

沿分线件的顶部将网线剪掉，一定要剪平，如图 1-22 所示。

步骤 6：压线。

将带有网线的分线件插入水晶头外壳中，注意插入的方向要正确，一定要将分线件完全卡到水晶头的顶部，如图 1-23 所示。在制作的过程中，如果出现分线件无法插到顶部的情况，可以用小细螺丝刀或曲别针等工具，顺着水晶头的边缘伸进去，把分线件顶到水晶头的顶部位置。

将分线件放好后，用网线钳压接水晶头，动作要领与制作超五类的水晶头一样。

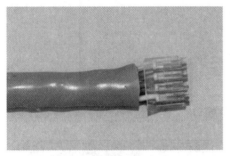

图 1-22　剪平

图 1-23　分线件插入水晶头外壳

【注意】

（1）端接六类水晶头时，注意尽量减少未穿入水晶头分线件导线的解组长度，不能将剥去外皮的导线全部解组，否则跳线电气性能会变差。

（2）网线插入分线件时要注意按标准安排好穿线次序，尽量减少线缆之间的相互交叉。

（3）穿好分线件后剪去多余线缆时要与分线件的一端平齐，插入水晶头外壳后要一直插到外壳的最前端，否则会导致接触不良。

（4）压线的力量要控制好，力量大会导致簧片压入过深，影响与插座的接触可靠性，力量小会导致簧片与导线接触不良。线缆的外护套要有一部分在水晶头外壳内部，通过外壳固定外护套，避免线缆在水晶头内部移动，影响电气性能的稳定性。

2. 组建家庭局域网

由于王教授家的计算机安装的都是 Windows 7 系统，小明决定用 Windows 7 系统中提供的"家庭组"的家庭网络辅助功能，实现计算机互联。这样既可以使计算机之间直接共享文档、照片、音乐等各种资源，也可以对打印机进行共享。

1）设置工作组名和计算机名

要顺利地组建家庭局域网，所有局域网中的计算机必须具备相同的工作组名和不同的计算机名。

查看工作组名和计算机名的方法：在 Windows 7 桌面上右击"计算机"图标，在弹出的快捷菜单中选择"属性"选项，打开"系统"窗口，如图 1-24 所示，即可查看计算机名和工作组名。

修改计算机工作组名和计算机名的方法：在"系统"窗口左侧选择"高级系统设置"选项，弹出"系统属性"对话框，如图 1-25 所示。选择"计算机名"选项卡，单击"更改"按钮，弹出"计算机名/域更改"对话框，即可对工作组名和计算机名进行修改，这里将计算机名更改为 PC1，设置工作组为 WORKGROUP，如图 1-26 所示。

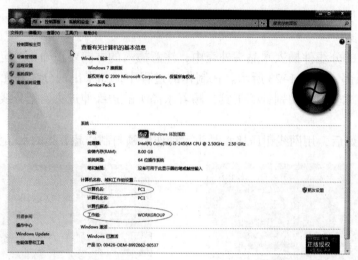

图 1-24 "系统"窗口

图 1-25 "系统属性"对话框

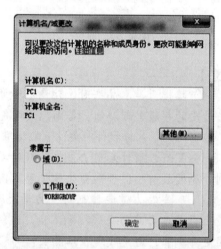

图 1-26 "计算机名/域更改"对话框

【注意】

此设置要在重启后才能生效，所以在设置完成后要重启计算机使设置生效。

说 明

首先，组建家庭局域网的所有计算机必须有统一的工作组名称，否则不能成功创建局域网。

其次，家庭局域网中的计算机还要有不同的计算机名称，一般在操作系统创建时都会填写一个计算机名称，这个名称必须不同，否则可能造成识别错误。

2）创建家庭组

步骤 1：在桌面上单击"开始"按钮，弹出"开始"菜单，如图 1-27 所示。

步骤 2：在"开始"菜单的系统常用功能区，选择"控制面板"命令，弹出"控制面板"窗口，如图 1-28 所示。

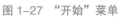

图 1-27   "开始"菜单

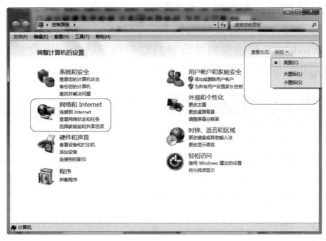

图 1-28   "控制面板"窗口

Windows 7 系统的控制面板默认以"类别"的形式来显示功能菜单，除了"类别"外，Windows 7 控制面板还提供了"大图标"和"小图标"的查看方式，只需单击控制面板右上角"查看方式"旁边的下拉按钮，在弹出的菜单中选择自己喜欢的形式即可。

步骤 3：在"控制面板"窗口中，选择"网络和 Internet"选项，弹出"网络和 Internet"窗口，如图 1-29 所示。

步骤 4：在"网络和 Internet"窗口，选择"家庭组"选项，弹出"家庭组"窗口，如图 1-30 所示。

图 1-29   "网络和 Internet"窗口

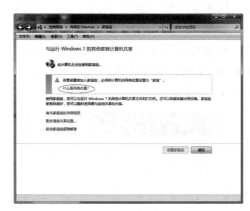

图 1-30   "家庭组"窗口

步骤 5："家庭组"窗口中提示，此计算机无法连接到家庭组。若要创建或加入家庭组，必须将计算机的网络位置设置为"家庭"。在"家庭组"窗口中，单击"什么是网络位置"链接，弹出"设置网络位置"窗口，如图 1-31 所示。

Windows 7 家庭普通版无法创建自己的家庭组，但可以加入网络上运行 Windows 7 家庭高级版、旗舰版、专业版或企业版的人员创建的家庭组。

步骤 6： 在"设置网络位置"窗口中，有 3 种网络位置：家庭网络、工作网络、公用网络，Windows 7 将根据网络位置自动应用正确的网络设置。选择"家庭网络"选项，弹出"创建家庭组"窗口，如图 1-32 所示。

图 1-31 "设置网络位置"窗口

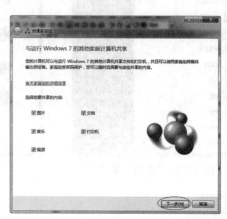

图 1-32 "创建家庭组"窗口

家庭网络和工作网络同为可信任网络，选择这两种网络类型会自动应用比较松散的防火墙策略，从而实现在局域网中共享文件、打印机、流媒体等功能。

公用网络为不可信任网络，选择公用网络则会在 Windows 防火墙中自动应用较为严格的防火墙策略，从而到达在公共区域保护计算机不受外来计算机侵入的目的。例如，在咖啡厅、机场或网吧等公共场合建议用公用网络，对隐私和文件安全防护较高。

步骤 7： 在"创建家庭组"窗口中，选中需要共享内容的复选框，单击"下一步"按钮，在弹出的窗口中自动形成网络上家庭组的密码，如图 1-33 所示，使用此密码可以将运行 Windows 7 的其他计算机连接到家庭组。单击"完成"按钮，返回"更改家庭组设置"窗口，如图 1-34 所示。

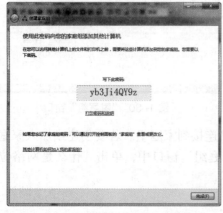

图 1-33 创建家庭组的密码

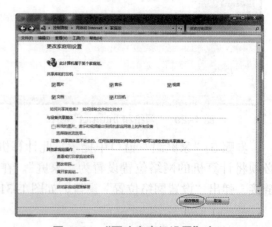

图 1-34 "更改家庭组设置"窗口

步骤 8：在"更改家庭组设置"窗口中，选中需要共享内容的复选框，单击"保存修改"按钮，即可完成创建家庭组。

3）加入家庭组

家庭网络中，只能在一台计算机上创建家庭组，其他计算机可以加入创建的家庭组，但要注意与创建家庭组的计算机具备相同的工作组名和不同的计算机名，具体操作步骤如下。

步骤 1：在要加入家庭组的计算机上单击"开始"按钮，在"开始"菜单的系统常用功能区中选择"控制面板"命令，弹出"控制面板"窗口。

在"控制面板"窗口中，选择"网络和 Internet"选项，弹出"网络和 Internet"窗口。

在"网络和 Internet"窗口中，"家庭组"选项，弹出"介绍家庭组"窗口，如图 1-35 所示。

步骤 2：在"介绍家庭组"窗口中，选择"立即加入"按钮未被激活，这是因为要加入家庭组，必须将计算机的网络位置设置为"家庭"，单击"什么是网络位置"链接，在弹出的"设置网络位置"窗口中选择"家庭网络"选项，弹出"加入家庭组"窗口，如图 1-36 所示。

图 1-35 "介绍家庭组"窗口

图 1-36 "加入家庭组"窗口

步骤 3：这时可先将"加入家庭组"窗口关闭，可以看到"介绍家庭组"窗口变成了"与运行 Windows 7 的其他计算机共享"窗口，如图 1-37 所示。

步骤 4：在"与运行 Windows 7 的其他计算机共享"窗口中，"立即加入"按钮已被激活，单击"立即加入"按钮，弹出"加入家庭组"窗口，提示在网络上检测到家庭组，选择需要共享的内容后，单击"下一步"按钮，弹出"键入家庭组密码"窗口，如图 1-38 所示。

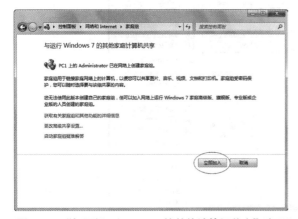

图 1-37 "与运行 Windows 7 的其他计算机共享"窗口

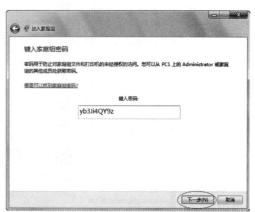

图 1-38 "键入家庭组密码"窗口

步骤5：在"键入家庭组密码"窗口中，输入创建家庭组时生成的密码（图1-33），单击"下一步"按钮，弹出"您已加入该家庭组"窗口，如图1-39所示。

步骤6：在"您已加入该家庭组"窗口中，单击"完成"按钮，返回"更改家庭组设置"窗口，如图1-40所示。单击"保存修改"按钮，完成加入家庭组的操作。

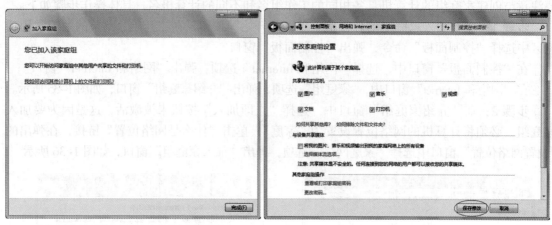

图1-39　"您已加入该家庭组"窗口　　　　　图1-40　"更改家庭组设置"窗口

说 明

如果计算机处于关闭或睡眠状态，则不会显示在家庭组中。

如果忘记了家庭组密码，可以通过在属于该家庭组的计算机上打开"控制面板"中的"家庭组"找到该密码。

3. 访问其他家庭组计算机上的文件和打印机

1）设置家庭组计算机上的文件夹共享

在计算机PC1上新建"娱乐电影"文件夹，右击该文件夹，在弹出的快捷菜单中选择"共享"→"家庭组（读取）"命令，如图1-41所示，将"娱乐电影"文件夹设置为共享文件夹。

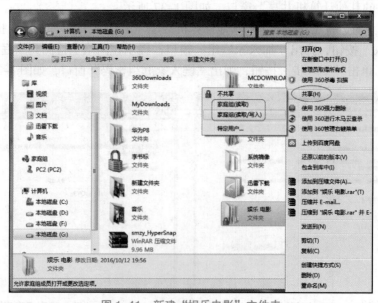

图1-41　新建"娱乐电影"文件夹

选择"共享"→"家庭组（读取）"命令，家庭组中的其他计算机只能使用该文件夹中的文件。选择"共享"→"家庭组（读取 / 写入）"命令，家庭组中的其他计算机不但能使用该文件夹中的文件，还能向该文件夹添加文件或删除该文件夹中的文件。

2）访问其他家庭组计算机上的文件或文件夹

在计算机 PC2 的桌面上双击"计算机"图标，在打开的窗口的导航窗格中，单击"家庭组"目录下的"Administrator（PC1）"（用户名）前的三角按钮，即可看到计算机 PC1 上共享的库文件夹（图片、音乐、视频、文档）和共享文件夹（娱乐电影），如图 1-42 所示。在文件列表中，双击要访问的库或共享文件夹，即可访问所需的文件或文件夹。

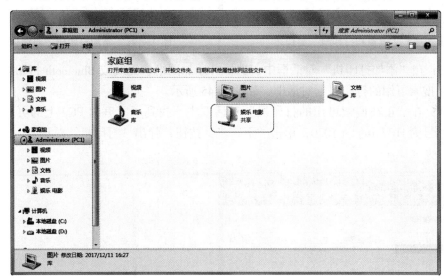

图 1-42 "家庭组"窗口

通过创建家庭组和加入家庭组，组建好家庭网络，家庭组内的计算机既可以互相看到对方 Windows 7 系统中的库文件夹及文件，也可以将其他计算机上的文件复制到本地或直接打开使用。使用家庭组，既可以轻松地在家庭网络上共享文件夹，也可以与家庭组中的其他人共享图片、音乐、视频和文档。需要注意的是，计算机处于关闭、休眠或睡眠状态时，将不会被访问到。

3）连接到家庭组打印机

很多人的家中都拥有多台电脑，这样可以满足不同家庭成员的使用需求，但如果买打印机，就只会买一台，要想打印文档必须先将文件复制到连接了打印机的计算机上，比较麻烦。Windows 7 家庭组共享打印机可以很好地解决这个问题，可以把打印机与家庭组共享，所有计算机都可以在该打印机上执行打印操作。

假如计算机 PC2 上已安装好打印机，这台打印机就成为家庭组打印机，下面将计算机 PC1 连接到家庭组打印机。

步骤 1：单击桌面上的"开始"按钮，弹出"开始"菜单，在"开始"菜单的系统常用功能区，选择"设备和打印机"命令，打开"设备和打印机"窗口，如图 1-43 所示。

步骤 2：在"设备和打印机"窗口中，单击"添加打印机"按钮，弹出"添加打印机"对话框，如图 1-44 所示。

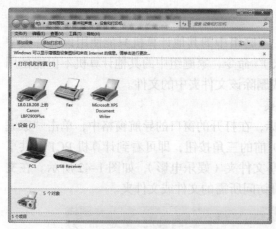

图 1-43 "设备和打印机"窗口

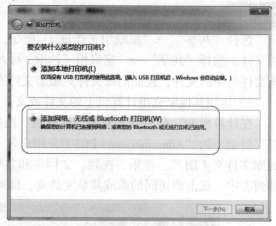

图 1-44 "添加打印机"对话框

步骤 3：在"添加打印机"对话框中，选择"添加网络、无线或 Bluetooth 打印机"选项，弹出"正在搜索可用的打印机"对话框，如图 1-45 所示。

步骤 4：在"正在搜索可用的打印机"对话框中，找到了家庭组 PC2 上的可用打印机，打印机的型号为 HP LaserJet 1020，单击"下一步"按钮，弹出"打印机"对话框，如图 1-46 所示。

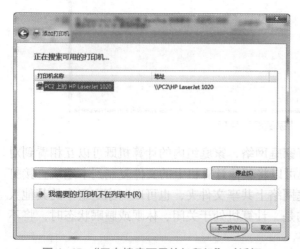

图 1-45 "正在搜索可用的打印机"对话框

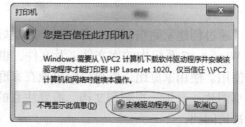

图 1-46 "打印机"对话框

步骤 5：在"打印机"对话框中，单击"安装驱动程序"按钮，弹出"已成功添加 PC2 上的 HP LaserJet 1020"对话框，如图 1-47 所示。

步骤 6：在"已成功添加 PC2 上的 HP LaserJet 1020"对话框中，单击"下一步"按钮，弹出"您已经成功添加 PC2 上的 HP LaserJet 1020"对话框，如图 1-48 所示。

步骤 7：在"您已经成功添加 PC2 上的 HP LaserJet 1020"对话框中，单击"打印测试页"按钮，如果能成功打印出测试页，则说明成功添加了打印机，然后单击"完成"按钮。返回到"设备和打印机"窗口，如图 1-49 所示，即可看到添加的家庭组打印机。

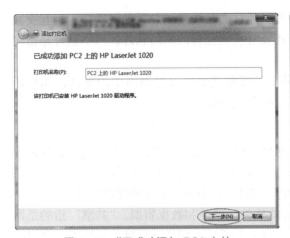
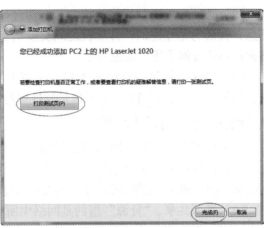

图 1-47 "已成功添加 PC2 上的　　　　　　图 1-48 "您已经成功添加 PC2 上的
HP LaserJet 1020"对话框　　　　　　　　　HP LaserJet 1020"对话框

图 1-49 "设备和打印机"窗口

　　安装打印机后，可以在任何程序中通过"打印"对话框访问该打印机，但打印机连接的计算机必须为打开状态时才能使用。

1.1.4　拓展知识

1. 计算机网络的定义

　　计算机网络就是利用通信线路和通信设备，用一定的连接方法，将分布在不同地理位置、具有独立功能的多台计算机相互连接起来，在网络软件的支持下进行数据通信，实现资源共享的系统。

　　理解计算机网络有以下几个要点。

　　（1）必须要有至少两台以上的计算机，而且具有独立功能。独立功能是指这台计算机不受任何其他计算机的控制，如启动或停止。

（2）必须通过通信线路连接。若有两台计算机通过通信线路（包括无线通信）相互交换信息，就认为是互连的。计算机之间交换信息还要有功能完善的网络软件，网络软件是指网络通信协议及网络操作系统等。

（3）组建计算机网络的根本目的是资源共享。资源共享可以是网络中的硬件，如打印机、扫描仪、磁盘空间等；也可以是软件资源，如程序、数据等。

2. 计算机网络的基本功能

（1）数据通信。数据通信是指利用计算机网络实现不同地理位置的计算机之间的数据传送，它是计算机网络最基本的功能，用来快速传送各种信息，包括文字信件、新闻消息、咨询信息、图片资料、报纸版面等，如人们通过电子邮件（E-Mail）发送和接收信息。

（2）资源共享。"资源"指的是网络中所有的软件、硬件和数据资源，"共享"指的是网络中的用户都能够部分或全部地享受这些资源，资源共享是人们建立计算机网络的主要目的之一。计算机资源包括硬件资源、软件资源和数据资源。硬件资源的共享可以提高设备的利用率，避免设备的重复投资，如利用计算机网络建立网络打印机；软件资源和数据资源的共享可以充分利用已有的信息资源，减少软件开发过程中的重复劳动，避免大型数据库的重复设置。

（3）分布处理。当某台计算机负担过重时，或者该计算机正在处理某项工作时，网络可将新任务转交给空闲的计算机来完成，这样能均衡各个计算机的负载，提高处理问题的实时性；对大型综合性问题，可将问题各部分交给不同的计算机分别处理，充分利用网络资源，扩大计算机的处理能力，即增强其实用性。对解决复杂问题来讲，多台计算机联合使用并构成高性能的计算机体系，这种协同工作、并行处理要比单独购置高性能的大型计算机便宜得多。

3. 计算机网络的分类

1）按网络的覆盖范围分类

计算机网络按照其覆盖的地理范围进行分类，可以很好地反映不同类型网络的技术特征。由于网络覆盖的地理范围不同，它们所采用的传输技术也不同，因此形成不同的网络技术特点和网络服务功能。

按照地理范围对网络进行分类，可分为局域网（LAN）、城域网（MAN）和广域网（WAN）。

（1）局域网（Local Area Network，LAN）。局域网用于将有限范围内（如一个实验室、一幢大楼、一个校园）的各种计算机、终端与外部设备互联成网。按照采用的技术、应用范围和协议标准的不同，局域网可分为共享局域网和交换局域网。局域网技术发展迅速，应用日益广泛，是计算机网络中最活跃的领域之一。

（2）城域网（Metropolitan Area Network，MAN）。城市地区网络常简称为城域网。城域网的目标是满足几十公里范围内的大量企业、机关、公司的多个局域网互联的需求，以实现大量用户之间的数据、语音、图形与视频等多种信息的传输功能。其实城域网基本上是一种大型的局域网，通常使用与局域网相似的技术，把它单列为一类的主要原因是它有单独的一个标准而且被应用了。城域网地理范围从几十公里到上百公里，可覆盖一个城市或地区，分布在一个城市内，是一种中等形式的网络。

（3）广域网（Wide Area Network，WAN）。广域网也称为远程网，它所覆盖的地理范围从几十公里到几千公里。广域网覆盖一个国家、地区，或者横跨几个洲，形成国际性的远程网络。广域网的通信子网主要使用分组交换技术，可以利用公用分组交换网、卫星通信网和无线分组交换网，将分布在不同地区的计算机系统互联起来，达到资源共享的目的。

2）按管理性质分类

根据对网络组建和管理的部门、单位不同，可将计算机网络分为公用网和专用网。

（1）公用网：由电信部门或其他提供通信服务的经营部门组建、管理和控制，网络内的传输和转接装置可供任何部门和个人使用，常用于广域网络的构造，支持用户远程通信，如我国的电信网、广电网、联通网等。

（2）专用网：由用户部门组建经营的网络，不容许其他用户和部门使用。由于投资的因素，专用网常为局域网或通过租借电信部门的线路而组建的广域网络，如由学校组建的校园网、由企业组建的企业网等。

3）按服务方式分类

按网络的服务方式分类，可以将计算机网络分为客户机／服务器（Client/Server）网和对等网（Peer-to-Peer）。

（1）客户机／服务器网：这种网络的安全性较高，计算机的权限、优先级易于控制，监控容易实现，网络管理能够规范化。

（2）对等网：这种网络方式灵活，但是它的安全性较低，较难实现集中管理与监控。

4）按传输介质分类

按照网络介质分类，可以将计算机网络分为有线网络和无线网络。

（1）有线网络包括采用双绞线、同轴电缆、光纤介质连接的计算机网络。

（2）无线网采用微波、红外线、无线电等传输，它是一种很有前途的组网方式。

5）按网络拓扑结构分类

计算机网络拓扑是通过网中节点与通信线路之间的几何关系表示网络结构，反映出网络中各实体之间的结构关系。拓扑设计是建设计算机网络的第一步，也是实现各种网络协议的基础，它对网络性能、系统可靠性与通信费用都有重大影响。拓扑是指网络中计算机及其他设备的连接关系，它隐去了网络的具体物理特性，而抽象出节点之间的关系并加以研究。

按拓扑结构分类，计算机网络可分为星型、环型、总线型、树型和网状型网络，其中前3类为基本拓扑结构，如图1-50所示。

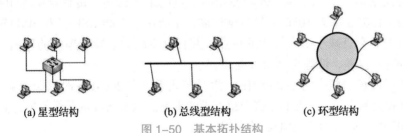

(a) 星型结构　　　(b) 总线型结构　　　(c) 环型结构

图1-50　基本拓扑结构

（1）星型拓扑结构是由中心结点和通过点对点链路连接到中心节点的各站点组成，它的中心节点是主节点，接收各分散站点的信息再转发给相应的站点。目前这种拓扑结构几乎是Ethernet双绞线网络专用的，它的中心节点是由集线器或交换机来承担的。

（2）总线型拓扑结构采用单根传输线作为传输介质，所有站点都通过相应的硬件接口直接连接到传输介质上（或总线上）。任何一个站点发送的信号都可以沿着介质双向传播，而且能被其他所有站点接收（广播方式）。

（3）环型拓扑结构中各节点通过环路接口连在一条首尾相连的闭合环形通信线路中，就是把每台 PC 连接起来，数据沿着环依次通过每台 PC 直接到达目的地，环路上任何节点均可以请求发送信息。请求一旦被批准，便可以向环路发送信息。环型拓扑结构中的数据可以是单向传输，也可是双向传输。

4. 计算机网络的速率与带宽

网络的速率（网速）是指连接在计算机网络上主机在数字信道上传送数据的速率，也可称为数据率或比特率，单位是 bps（bit per second），即单位时间（秒）传输信息（比特）量。速率的单位也可以写成 b/s（比特每秒）或 bit/s，当数据率较高时，可以使用 Kb/s、Mb/s、Gb/s 或 Tb/s。其中 K、M、G、T 分别为千、兆、吉、太。

区分 b/s 与 B/s：计算机网络中，以比特（bit）为单位进行数据传输，因此描述网速的单位为 b/s。计算机是以字节（Byte）为单位描述数据的，因此计算机传输数据的速率单位为 B/s，其中 1 Byte=8 bit。

带宽是指在计算机网络中用来表示网络通信线路传送数据的能力，因此网络带宽表示在单位时间内从网络中的某一点到另一点所能通过的"最高数据率"，单位也是 bps。

例如，把城市的道路看成网络，道路有双车道、四车道或单车道，人们驾车从出发点到目的地，途中可能经过双车道、四车道或单车道。这里的车道数量比作带宽，车辆的数目就比作网络中传输的信息量，带宽就是网速允许的最大值。

5. 双绞线的具体分类

双绞线因其低廉的价格、简单的安装方法、良好且稳定的性能在网络布线中广为使用。

双绞线一般分为以下 8 类。

（1）一类线主要用于语音传输。

（2）二类线由于传输频率只有 1MHz，主要用于旧的令牌网。

（3）三类线用于语音传输及最高传输速率为 10Mbps 的数据传输，主要用于 10BASE-T 网络。

（4）四类线的传输频率为 20MHz，用于语音传输和最高传输速率为 16Mbps 的数据传输，主要用于基于令牌的局域网和 10BASE-T/100BASE-T 网络。

（5）五类线增加了绕线密度，外套使用高质量的绝缘材料，传输频率为 100MHz，用于语音传输和最高传输速率为 10Mbps 的数据传输，主要用于 100BASE-T 和 10BASE-T 网络。

（6）超五类具有衰减小、串扰少的特点，并且有更高的衰减与串扰的比值（ACR）和信噪比及更小的时延误差，性能得到很大提高。

（7）六类线的传输频率为 1~250MHz，六类布线系统在 200MHz 时综合衰减串扰比（PS-ACR）应该有较大的余量，它提供 2 倍于超五类的带宽。六类布线的传输性能远远高于超五类标准，最适用于传输速率高于 1Gbps 的应用。

（8）七类线是最新的一种非屏蔽双绞线，传输频率至少可达 500 MHz，传输速率为 10 Gbps。

目前，网络综合布线系统工程大量使用超五类和六类非屏蔽双绞线。

计算机综合布线使用的双绞线种类如图 1-51 所示。

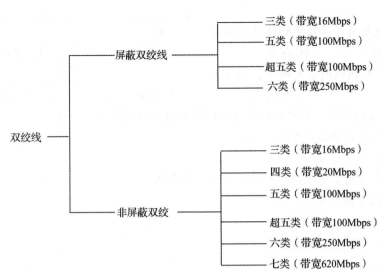

图 1-51　双绞线的种类

思考与实训

练习与思考

选择题

1. LAN 是指（　　　）。

A. 互联网　　　　　B. 广域网　　　　　C. 局域网　　　　　D. 城域网

2. 只允许数据在传输介质中单向流动的网络是（　　　）。

A. 星型网　　　　　B. 环型网　　　　　C. 总线型网　　　　　D. 树型网

3. 下列不属于网络特有设备的是（　　　）。

A. 网卡　　　　　B. 交换机　　　　　C. 声卡　　　　　D. 服务器

4. 按网络的覆盖范围划分，学校的计算机教室网络属于（　　　）。

A. 校园网　　　　　B. 数据网　　　　　C. 局域网　　　　　D. 区域网

5. 下列属于广域网的是（　　　）。

A. 一个学校的校园网

B. 一个公司中计算机构成的网络

C. 一个家庭计算机构成的网络

D. 因特网

6. 计算机网络的目标是实现（　　　）。

A. 数据处理　　　　　　　　　　B. 信息传输与数据处理

C. 文献查询　　　　　　　　　　D. 资源共享与信息传输

7. 广域网的英文缩写为（　　　）。

A.LAN　　　　　B.WAN　　　　　C.ISDN　　　　　D.MAN

8.用交换机所连接的网络拓扑结构是（　　　）。

A.总线型　　　　　　　B.环型　　　　　　　C.星型　　　　　　　D.网状型

9.超五类双绞线的最大网段长度为（　　　）。

A.50m　　　　　　　B.100m　　　　　　　C.150m　　　　　　　D.500m

10.关于传输介质的带宽和传输速率以下说法正确的是（　　　）。

A.传输速率的单位是MHz

B.带宽的单位是Mbps

C.传输介质的带宽越高相对传输速率也就越快

D.以上说法都不对

技能实训

1.认识网络拓扑结构

【实训目的】

（1）认识网络的组成。

（2）熟悉星型网的拓扑结构。

【实训内容】

（1）在接入Internet的局域网机房中找到计算机后面的双绞线，拔下双绞线查看水晶头结构，然后再重新插入到计算机的网卡接口。

（2）顺着双绞线找到星型网的中心节点设备交换机，观察交换机的接口及接线情况。

（3）观察交换机是如何连接到Internet的。

（4）绘制出网络拓扑图。

2.RJ-45水晶头制作

【实训目的】

（1）掌握剥线方法、预留长度和网线线序标准。

（2）掌握网线压接常用工具的使用方法和操作技巧。

（3）掌握网线的测试方法。

【实训内容】

（1）剥线。

（2）排线。

（3）剪线。

（4）插线。

（5）压线。

（6）测线。

任务2　组建家庭有线/无线混合局域网

1.2.1　任务描述

小明用交换机作为中心节点，为王教授家组建了家庭有线局域网后，随着无线通信技术的广泛应用，王教授家庭成员中的智能手机、平板电脑、便携式笔记本电脑等无线终端又多了起来，于是他又提出让这些无线终端共享上网。小明明确了这次任务是要组建家庭无线局域网并与家庭有线局域网相结合，组建家庭有线 / 无线混合局域网。

1.2.2　知识背景

要组建家庭有线 / 无线混合局域网，小明需要确定组网方案、设计家庭局域网的拓扑结构及选购网络设备。

1. 确定组网方案

小明决定使用"宽带路由器 + 交换机"的方式组建王教授家的有线 / 无线混合局域网，连接方法是用宽带路由器连接外部网络，然后通过网线连接宽带路由器和交换机。

宽带路由器的普通接口通常为 3、4 个，当局域网中使用有线的计算机超过 3 台时，就需要使用"宽带路由器 + 交换机"的方式组建有线 / 无线混合局域网。现在王教授家有线的计算机只有 3 台，如果不使用交换机，用宽带路由器的普通接口连接 3 台有线的计算机也是可以的。但是，小明考虑到王教授家已安装交换机，使用"宽带路由器 + 交换机"的方式组建网络，一是不用更改现有计算机的系统配置，二是宽带路由器的安装位置可以更加灵活方便。

2. 设计家庭无线局域网的拓扑结构

家庭无线局域网组网的最便捷方式是选择对等网，即以无线路由器为中心，其他计算机或无线终端设备通过无线网卡与无线路由器进行通信。王教授家的有线 / 无线混合局域网拓扑结构如图 1–52 所示。

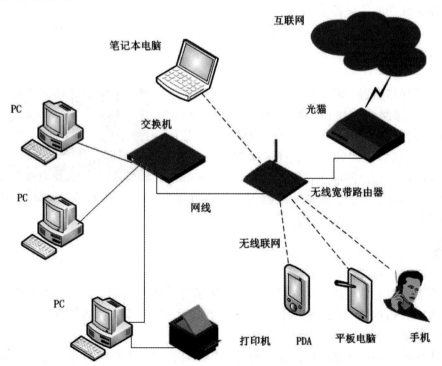

图 1–52　有线 / 无线混合局域网拓扑结构

家庭用户要接入互联网，需考虑居住环境有哪些宽带可以选择，可通过电信、联通或广电提供互联网的入网连接和信息服务加入互联网。

宽带是相对传统拨号上网而言的，尽管目前没有统一标准规定宽带的带宽应达到多少，但依据大众习惯和网络多媒体数据流量考虑，网络的数据传输速率至少应达到256Kbps才能称为宽带，其最大优势是带宽远远超过传输速率为56Kbps拨号上网方式。

无线路由器将有线网络的信号转化为无线信号，在无线网络中起主导作用，是单纯性无线访问接入点（AP）与宽带路由器的结合体。它借助路由功能，可以实现家庭无线网络中的Internet连接共享，实现ADSL和小区宽带的无线共享接入。除此之外，无线路由器还可以把通过它进行无线和有线连接的终端都分配到一个子网，这样子网内的各种设备交换数据就非常方便，可以让所有的无线客户端共享上网。

在家庭无线局域网中，应首先考虑无线路由器的安放位置，无线信号能够穿越墙壁，但其信号会随着阻碍物的数量、厚度和位置急速衰减。在实际的设备布线安排中，要根据家庭的房屋结构，有无其他信号干扰源，调整无线路由器的位置。

3. 选购无线路由器

所谓光纤到户，是由运营商提供光纤宽带调制解调器（俗称"光猫"）将信号传输到用户家中，因此，组建家庭无线网只需购买一台无线宽带路由器，另外再准备两根网线。

无线路由器可以实现宽带共享功能，为内网的计算机、手机、笔记本电脑等终端提供有线、无线接入网络，实现共享宽带上网。无线路由器可以看作一个转发器，将家中的宽带网络信号通过天线转发给附近的无线网络设备（笔记本电脑、支持Wi-Fi的手机、平板电脑及所有带有Wi-Fi功能的设备）。

市场上流行的无线路由器一般只能支持15~20个以内的设备同时在线使用。

一般无线路由器的信号范围为半径50m，现在已经有部分无线路由器的信号范围达到了半径300m。

常见的无线路由器一般都有一个RJ45口为WAN口，即Uplink到外部网络的接口，其余2~4个接口为LAN口，用来连接普通局域网，内部有一个网络交换机芯片，专门处理LAN接口之间的信息交换。通常无线路由器的WAN口和LAN口之间的工作模式采用NAT（Network Address Translation）方式。因此无线路由器是可以作为有线路由器使用的，如图1-53所示。

图1-53　无线路由器接口

1）无线路由器各指示灯的含义

路由器指示灯通常可以分为6类，即电源指示灯、SYS系统指示灯、LAN指示灯、WAN指示灯、WLAN指示灯、WPS指示灯。如果路由器无法连接网络，通过查看、分析路由器指示灯的状态，就可以大致判断出问题所在。

（1）电源指示灯：该指示灯是连接电源的指示灯，正常工作时必须常亮，如果不亮说明电源没有插好或路由器坏了。

（2）SYS 系统指示灯：SYS 全称为 System，SYS 系统指示灯是路由器的工作状态指示灯，闪烁代表正常，如果不亮，或者亮但不闪烁，那么基本上是路由器出现问题了。

（3）LAN 指示灯：LAN（Local Area Network，局域网）接口是与计算机有线连接的，如果将网线与此接口和计算机的网卡接口连接，开启计算机后，LAN 指示灯是亮的，如果不亮说明接口或网线出现问题。如果接口出现问题，可能是路由器接口或计算机网卡接口问题。

（4）WAN 指示灯：WAN（Wide Area Network，广域网）指示灯显示的是外部宽带线信号指示灯，指示灯常亮表示端口与前端"猫"连接正常。当有数据传输，如有设备在上网时，正常情况会数据传输，在传输过程中，WLAN 端口会不断闪烁。

如果 WAN 指示灯不亮，则说明"猫"或外部网线有问题；如果 WAN 指示灯亮但不闪烁，并且手机、计算机无法上网，那么可能是网络线路存在问题，可以电话咨询网络服务商，确认是否宽带线路出现故障。

（5）WLAN 指示灯：WLAN（Wireless Local Area Network，无线局域网）是指无线的指示灯，当有无线网卡连接在路由器上时，该灯就会开始闪烁。连接 Wi-Fi 设备时会快闪几下，Wi-Fi 设备下载时，此灯狂闪。

（6）WPS 指示灯：路由器中 WPS 是由 Wi-Fi 联盟所推出的全新 Wi-Fi 安全防护设定（Wi-Fi Protected Setup）标准，用于简化 Wi-Fi 无线的安全设置和网络管理。在有些路由器上，WPS 也称为 WSC（Wi-Fi 简单设置）。

如果 Wi-Fi 设备是通过路由的 WPS 加密通道连接，在有数据交换时，此灯会闪烁。未开启 WPS 功能时，此灯不会亮。

2）无线路由器上 RST 键

RST 键是 Reset（重启）开关，可以将路由器恢复出厂设置。在路由器设置混乱或出现一些莫名其妙的问题无法解决时，一般都会将路由器恢复出厂设置，重新设置后即可解决问题。如果忘记了路由器管理员密码，无法登录路由器后台，只能使用"RST 键"恢复出厂设置，清除原来的密码。

在路由器通电的情况下，只要按住路由器上的 RST 键 10 秒左右，就可以将路由器设置恢复到出厂状态。路由器上的 SYS 指示灯快速闪烁 3 次或熄灭，则说明路由器恢复出厂设置，可以松开按键了。

然后路由器会自动重启，重启时不要拔掉路由器的电源。此外，有些路由器为防止用户不慎挤压到 RST 键，一般将 RST 键设计在孔的内部，用户需要用圆珠笔头或小铁丝操作。路由器恢复出厂设置后，需要重新设置才可以使用。

1.2.3　动手实践

1. 连接无线路由器

有线部分的连接如图 1-52 所示，其具体操作步骤如下。

步骤 1：根据王教授家的上网类型，将路由器连接至互联网。

路由器和"猫"的连接方法是在路由器上找到"WAN"接口，把它和"猫"的 LAN 口用网线连接起来。如果采用小区宽带上网，把入户的宽带网线插入路由器的 WAN 口。

步骤 2：将路由器与交换机连接。

由于王教授家已经用交换机组建了家庭组局域网，在不破坏原局域网的情况下，无线路由器与计算机的连接可以通过交换机来实现。将网线一端插入交换机的 Uplink 接口，另一端插入无线路由器的 LAN 接口。

【注意】
当局域网中使用有线的计算机不超过无线宽带路由器的普通（LAN）接口时，不需要交换机就可以组建有线 / 无线混合型局域网，其连接方法是将网线一端插入使用有线网络的计算机网卡接口，另一端插入无线宽带路由器的普通接口。

2. 通过计算机设置无线路由器

不同的无线路由器，其设置页面是不一样的，但整个设置步骤却是相似的。不管是移动宽带，还是电信、联通的宽带，连接无线路由器的设置方法都是相同的。如果路由器已经使用过了，建议先把路由器恢复出厂设置，再重新设置上网，其具体操作步骤如下。

步骤 1：设置计算机 IP 地址。

用计算机设置无线路由器时，需要把计算机中的 IP 地址设置为自动获得，如图 1-54 所示。

步骤 2：查看设置的网址。

在无线路由器的底部或侧面，通常有一个标签。在这个标签中，会给出这台无线路由器的设置网址信息，如图 1-55 所示。

无线路由器的连接与配置

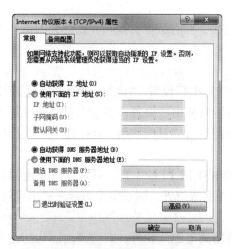

图 1-54　自动获得 IP 地址

图 1-55　无线路由标签

路由器的设置网址通常又称为管理页面地址、登录地址、登录 IP 地址等。这些名称后面就是设置网址。不同的无线路由器，其设置网址可能不一样，不同品牌的无线路由器常用的设置网址有 192.168.0.1、192.168.1.1、192.168.2.1、192.168.3.1、192.168.31.1、tplogin.cn、melogin.cn、falogin.cn、miwifi.com、luyou.360.cn、tendawifi.com。

步骤 3：打开设置页面。

在浏览器的地址栏中输入无线路由器的设置网址，本例为 192.168.0.1，打开无线路由器的设置页面，如图 1-56 所示。有一些品牌的无线路由器要求输入用户名和密码，一般第一次登录的用户名为 admin，密码为 admin（具体参照产品说明书）。

目前几乎所有的无线路由器，都具备自动检测"上网方式"的功能，图 1-56 中所自动检测的上网方式为"静态 IP"，需要在下方填写 IP 地址、子网掩码、默认网关、首选 DNS、备用 DNS 信息。

如果无线路由器自动检测为"宽带拨号"，需要在下面填写"宽带账号""宽带密码"，如图 1-57 所示。

如果无线路由器检测到"动态 IP"，则不需要其他设置，如图 1-58 所示。

图 1-56　静态 IP 上网方式设置　　　　　图 1-57　宽带拨号上网方式设置

图 1-58　动态 IP 上网方式设置

说　明

无线路由器的 3 种上网方式为宽带拨号、动态 IP 和静态 IP。

（1）宽带拨号。宽带拨号上网又称为 PPPoE 拨号上网或 ADSL 拨号上网。宽带拨号上网方式，宽带运营商会分配一个宽带账号和宽带密码给用户；在未使用路由器的情况下，计算机上网需要使用"宽带连接"拨号来实现上网；目前国内绝大多数用户办理的宽带，都属于 PPPoE 拨号类型。使用了无线路由器之后，计算机上可以直接打开网页，不用再去使用"宽带连接"来拨号。

（2）动态 IP。动态 IP 上网又称为 DHCP 上网、自动获取 IP 上网。动态 IP 上网方式，在未使用路由器的情况下，只需要把这根宽带网线连接到计算机上，将计算机上的 IP 地址设置为自动获得，即可实现上网了。

（3）静态 IP。静态 IP 上网又称为固定 IP 地址上网。静态 IP 上网方式，宽带运营商会提供 IP 地址、子网掩码、网关和 DNS 服务器地址给用户。在未使用路由器的情况下，只需要把这根入户网线连接到计算机上，需手动设置计算机上的 IP 地址，计算机才能上网。

步骤 4：填写上网设置和无线设置参数。

按网络服务商提供的信息填写上网设置中的各项参数，如图 1-59 所示。无线路由器会自动检测联网方式，根据检测结果输入相关的联网信息，并设置无线名称（即 Wi-Fi 名称）和无线密码，最后单击"确定"按钮。看到"保存成功"提示后，即完成路由器的上网设置，可以上网了。

图 1-59　上网设置参数

> **说明**
>
> 上网设置各参数的含义如下。
>
> （1）IP 地址。IP 地址是指互联网协议地址，网络上的计算机或路由器都有一个由授权机构分配的号码，这个号码称为 IP 地址。大家经常看到的是每台联网的计算机上都需要有 IP 地址，才能正常通信。这里可以把"计算机"比作"一部电话"，那么"IP 地址"就相当于"电话号码"，而 Internet 中的路由器，就相当于电信局的"程控式交换机"。

IP 地址通常采用 X.X.X.X 的格式表示，每个 X 的值为 0~255。IP 地址由网络号和主机号两部分组成，其中，网络号用来标识一个逻辑网络，主机号用来标识网络中的一台主机。

（2）子网掩码。子网掩码不能单独存在，它必须结合 IP 地址一起使用。子网掩码只有一个作用，就是将某个 IP 地址划分为网络地址和主机地址两部分，子网掩码决定了某个 IP 地址的网络号和主机号。

例如，一个网络的 IP 地址为 192.168.1.199；子网掩码为 255.255.255.0。如何判断这个 IP 地址的网络号和主机号？

一般简单直观的分析是：子网掩码的左边是网络位，右边是主机位，255（相当于二进制 11111111）的数目等于网络位的长度，0 的数目等于主机位的长度。因为子网掩码中前三段是 255，IP 地址中前三段为网络号，即 192.168.1 是网络号；子网掩码中最后一段是 0，IP 地址中最后一段是主机号，即 199 是主机号。

（3）默认网关。网关就是一个网络通向其他网络的 IP 地址。一般来说，设备通过网关来上网，是设备所在网络的出口。注意设置的网关地址一定要和路由器自身端口地址在同一个网段中。

例如，有 A、B 两个网络。

网络 A 的 IP 地址范围为"192.168.1.1~192.168.1.254"，子网掩码为 255.255.255.0。

网络 B 的 IP 地址范围为 "192.168.2.1~192.168.2.254"，子网掩码为 255.255.255.0。

在没有路由器的情况下，两个网络之间是不能进行 TCP/IP 通信的，即使两个网络连接在同一台交换机上，TCP/IP 协议也会根据子网掩码（255.255.255.0）判定两个网络中的主机处在不同的网络中。而要实现这两个网络之间的通信，则必须通过网关。

如果网络 A 中的主机发现数据包的目标主机不在本地网络中，就把数据包转发给自己的网关，再由网关转发给网络 B 的网关，网络 B 的网关再转发给网络 B 的某个主机。网络 B 向网络 A 转发数据包的过程也是如此。

（4）DNS。DNS（Domain Name Server，域名服务器）是进行域名（Domain Name）和与之相对应的 IP 地址（IP Address）转换的服务器。DNS 中保存了一张域名和与之相对应的 IP 地址的表，以解析消息的域名。

域名是 Internet 上某一台计算机或计算机组的名称，用于在数据传输时标识计算机的电子方位（有时也指地理位置）。域名是由一串用点分隔的名称组成的，通常包含组织名，而且始终包括 2 至 3 个字母的后缀，以指明组织的类型或该域所在的国家或地区。例如，搜狐网的域名为 www.sohu.com，清华大学的域名为 www.tsinghua.edu.cn。

DNS 填写要用当地的 DNS 服务器地址，每个省的 DNS 是不一样的，而且不同运营商（电信、联通、移动）的 DNS 服务器地址也不一样。建议使用互联网服务提供商默认分配的 DNS，只有在特别需要的情况下才使用公共 DNS。表 1-2 所示为几个公用 DNS 服务器。

表 1-2 公用 DNS 服务器

DNS 服务器	首选 IP 地址	备选 IP 地址
DNSPod DNS+	119.29.29.29	182.254.116.116
114DNS	114.114.114.114	114.114.114.115
阿里 AliDNS	223.5.5.5	223.6.6.6

（5）无线名称与无线密码。无线名称又称为 SSID，是无线局域网用于身份验证的登录名，无线路由器的 SSID 就是搜索无线网络时出现的名称。默认的名称为品牌与无线路由器 MAC 地址的后 6 位，可重新设置 SSID。无线名称最好不要用中文汉字来设置，因为目前还有些手机、笔记本电脑、平板电脑等无线设备不支持中文名称的无线信号。

设置无线密码时，建议大家用大写字母 + 小写字母 + 数字 + 符号的组合来设置，并且无线密码的长度要大于 8 位。这样可最大限度地确保无线网络的安全性，不被破解 Wi-Fi 密码。

步骤 5：设置管理页面。

在图 1-59 中单击 "确定" 按钮，弹出如图 1-60 所示的管理页面。联网状态显示可以上网了，可以在管理页面中继续设置无线路由器的其他功能。

图 1-60 中显示的是 "路由状态" 包括网络连接状态、连接设备和实时统计、系

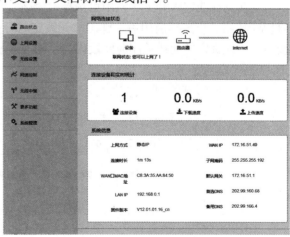

图 1-60 管理页面

统信息。

（1）选择左侧列表中的"上网设置"选项，显示"上网方式"管理页面，如图 1-61 所示，可对上网方式中各项目进行重新设置。

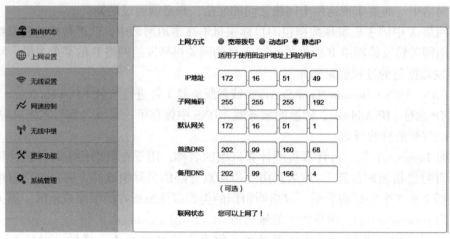

图 1-61 "上网方式"管理页面

（2）选择左侧列表中的"无线设置"选项，弹出"无线设置"管理页面，如图 1-62 所示。

①在无线设置管理页面中可以打开或关闭无线路由器的无线功能。

②在"无线名称和密码"栏中可以修改无线名称、加密方式、无线密码（要使用复杂一点的密码，否则容易被人破解）。如果选中"隐藏无线名称"复选框，单击"确定"按钮，会隐藏无线名称，则手机、平板电脑将无法搜索到路由器的无线信号。

③在"无线定时开关"栏中可选择

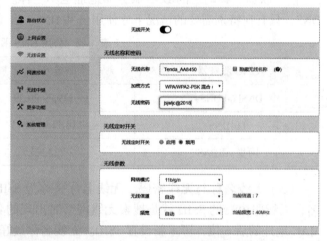

图 1-62 "无线设置"管理页面

启用或禁用。当选择启用后，弹出"无线定时开关"对话框，如图 1-63 所示，单击"确定"按钮后，在选定的无线关闭时间段内，手机、平板电脑将无法搜索到路由器的无线信号。

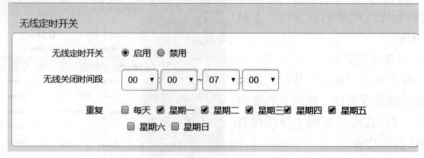

图 1-63 "无线定时开关"对话框

④在"无线参数"栏中，可对网络模式、无线信道、频宽进行设置。

网络模式中的11b/g/n的含义：IEEE802.11是无线局域网的协议标准，此后IEEE（电器和电子工程师协会）又推出了802.11b、802.11g、802.11n作为IEEE802.11标准的扩充。11b是11Mbit/s、11g是54Mbit/s、11n是300Mbit/s或更高。

（3）选择左侧列表中的"网速控制"选项，打开"网速控制"管理页面，如图1-64所示，在其中既可对连接设备实时监测下载速度，也可对下载的速率进行设置，还可对连接设备进行关闭。

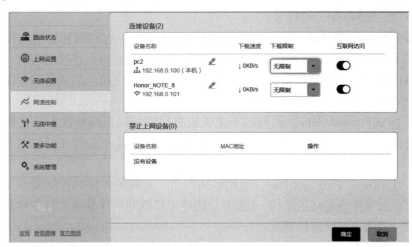

图1-64 "网速控制"管理页面

（4）选择左侧列表中的"无线中继"选项，打开"无线中继"管理页面，如图1-65所示，此时的状态是禁用。

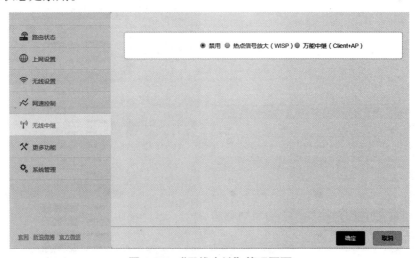

图1-65 "无线中继"管理页面

除"禁用"外，无线中继还有两个功能，一个功能是"热点信号放大（WISP）"，WISP（Wireless Internet Service Provider，无线局域网运营商）在无线路由器中称为无线WAN功能，主要用来放大无线Wi-Fi信号，扩大无线信号的覆盖范围。用户可以在公共场所，如咖啡馆、酒店、机场、茶楼、餐厅等场所，快速搭建自己的无线网络，提供无线上网服务。另一个功能是"万能中继（Client+AP）"，Client+AP模式与WISP类似，一般是带双SSID无线信号的路由器才会有。其中，Client 为接入无线信号，AP 为发射无线信号，即可以通过接收其他人的信号后再由路由器把无线信号发射出去。

无线路由器会通过无线的方式与一台可以上网的无线路由器建立连接，用来放大可以上网的无线路由器上的无线信号。放大后的无线信号名称与原来的无线路由器的无线信号名称一致，也就是两台无线路由器共用同一个无线网络名称（SSID）。

（5）选择左侧列表中的"更多功能"选项，打开"更多功能"管理页面，如图 1-66 所示。

①在"静态 IP""端口映射"栏中分别输入静态 IP、端口号后，单击"操作"下面的"添加"按钮可添加静态 IP、端口号。

②DDNS（Dynamic Domain Name Server，动态域名服务）有启用和禁用两种状态，它是将用户的动态 IP 地址映射到一个固定的域名解析服务上，用户每次连接网络时，客户端程序就会通过信息传递把该主机的动态 IP 地址传送给位于服务商主机上的服务器程序，服务器程序负责提供 DNS 服务并实现动态域名解析。

③DMZ（Demilitarized Zone，隔离区）主机也有启用和禁用两种状态，它是为了解决安装防火墙后外部网络不能访问内部网络服务器的问题。DMZ 主机是指在局域网当中设立一个主机作为服务器，可以从外部网络访问。

④UPnP（Universal Plug and Play，通用即插即用）是各种各样的智能设备、无线设备和个人电脑等实现对等网络连接的结构。UPnP 功能用于局域网络计算机和智能移动设备上，使网络更加流畅，加快访问网络的速度。

（6）选择左侧列表中的"系统管理"选项，打开"系统管理"页面，如图 1-67 所示。

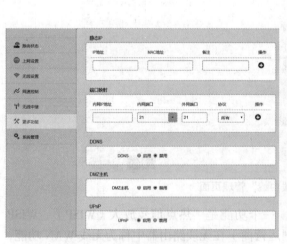

图 1-66 "更多功能"管理页面

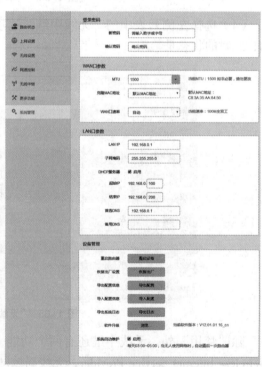

图 1-67 "系统管理"页面

在"系统管理"页面中，既可以重新设定无线设备的登录密码，也可以对 WAN 口和 LAN 口参数进行重新设置。

其中"LAN口参数"栏中DHCP服务器默认为启用，DHCP服务又称动态主机配置协议，是一个局域网的网络协议。它是指由服务器控制一段IP地址范围，客户机登录服务器时就可以自动获得服务器分配的IP地址和子网掩码。简单来说，就是DHCP给上网设备分配一个IP地址，手机、平板电脑、笔记本电脑、计算机等只有在该IP地址才能通过路由器上网。图1-67中的起始IP、结束IP就是用来设置这个IP段，通过这个无线路由器上网的智能设备会自动获取这个IP段中的一个IP地址。

在"系统管理"页面中的"设备管理"栏中，可进行重启路由器、恢复出厂设置、导出配置信息、导入配置信息、导出系统日志、软件升级、系统自动维护等操作。

3. 使用手机设置无线路由器

即使家庭中没有计算机也可以使用手机设置无线路由器上网。

步骤1：手机无线连接到无线路由器。

先将网线（连接"猫"的网线）插入无线路由器的WAN口，开启无线路由器的电源。

打开手机上的WLAN设置页面，搜索找到无线路由器的Wi-Fi名称，点击"连接"按钮。

步骤2：登录设置界面。

手机通过WLAN连接到无线路由器的Wi-Fi上后，打开手机上的浏览器，在浏览器的地址栏中输入IP地址192.168.0.1（具体参照产品说明书），即可在手机上显示如图1-56所示的页面。后面的设置与用计算机设置路由器的操作是一样的。

1.2.4　拓展知识

1. TCP/IP协议

1）TCP/IP协议产生的原因

简单来说，协议就是计算机之间通过网络实现通信时事先达成的一种"约定"，这种"约定"使那些由不同厂商生产的设备、不同CPU及不同操作系统组成的计算机之间，只要遵循相同的协议就可以实现通信。

协议可以分很多种，每一种协议都明确界定了它的行为规范：两台计算机之间必须能够支持相同的协议，并且遵循相同的协议进行处理，才能实现相互通信。

TCP/IP就是为此而生。TCP/IP是指传输控制协议（TCP）/网际协议（IP），它不只是一个协议，而是一个协议族的统称，包括IP协议、IMCP协议、TCP协议，以及人们更加熟悉的HTTP、FTP、POP3协议等。计算机有了TCP/IP协议，就可以和其他的计算机终端进行通信了。

2）TCP/IP协议分层

TCP/IP协议族按照层次由上到下、层层包装。TCP/IP协议采用了4层的层级结构，每一层都可以用下一层所提供的协议来完成自己的需求。

第一层是应用层，这里面有HTTP、FTP等人们熟悉的协议。

第二层是传输层，著名的TCP和UDP协议就在这个层次。

第三层是网络层，IP协议就在这层，它负责对数据加上IP地址和其他的数据，以确定传输的目标。

第四层是网络接口层、数据链路层，这个层次为待传送的数据加入一个以太网协议头，并进行CRC编码，为最后的数据传输做准备。

再往下则是硬件层次了，它负责网络的传输，这个层次的定义包括网线的制式、网卡的定义等。

发送协议的主机从上到下将数据按照协议封装，而接收数据的主机则按照协议将得到的数据包打开，最后拿到需要的数据。

2. IP 地址

IP 地址是指互联网协议地址（Internet Protocol Address，网际协议地址），它是 IP 协议提供的一种统一的地址格式，网络上每一个节点都必须有一个独立的 Internet 地址（也称 IP 地址）。

现在，通常使用的 IP 地址是一个 32bit 的数字，也就是人们常说的 IPv4 标准，将 32bit 的数字分成四组，也就是常见的 255.255.255.255 的样式。在 IPv4 标准上，地址被分为 5 类，人们常用的是 B 类地址。需要注意的是，IP 地址是"网络号 + 主机号"的组合，这非常重要。

1）IP 地址类型

IP 地址可分为公有地址和私有 IP 地址两种。

（1）公有地址（Public Address）由 Inter NIC（Internet Network Information Center，因特网信息中心）负责。这些 IP 地址分配给注册并向 Inter NIC 提出申请的组织机构，通过它直接访问因特网。

（2）私有 IP 地址的出现是为了解决公有 IP 地址不够用的情况。从 A、B、C 类 IP 地址中拿出一部分作为私有 IP 地址，这些 IP 地址不能被路由到 Internet 骨干网上。私有地址是内部局域网所用的地址，分别为 10.0.0.0～10.255.255.255、172.16.0.0～172.31.0.0、192.168.0.0～192.168.255.255。

2）IP 地址分类

IP 地址分为 A、B、C、D、E 共 5 类，其中 D 类和 E 类 IP 地址用于其他特殊用途。

A 类 IP 地址：地址范围为 1.0.0.0~127.255.255.255，在 IP 地址的四段号码中，第一段为网络号码，其余三段为本地计算机的号码。

B 类 IP 地址：地址范围为 128.0.0.0~191.255.255.255，在 IP 地址的四段号码中，前两段为网络号码，后两段为本地计算机的号码。

C 类 IP 地址：地址范围为 192.0.0.0~223.255.255.255，在 IP 地址的四段号码中，前三段为网络号码，最后一段为本地计算机的号码。

3）特殊的 IP 地址

（1）每一个字节都为 0 的地址（0.0.0.0）对应于当前主机。

（2）IP 地址中的每一个字节都为 1 的 IP 地址（255.255.255.255）是当前子网的广播地址。

（3）IP 地址中凡是以"11110"开头的 E 类 IP 地址都保留，用于将来和实验使用。

（4）IP 地址中不能以十进制"127"作为开头，该类地址中 127.0.0.1~127.255.255.255 用于回路测试。例如，127.0.0.1 可以代表本机 IP 地址，而用"http://127.0.0.1"可以测试本机中配置的 Web 服务器。

（5）网络 ID 的第一个 8 位组不能全置为"0"，全"0"表示本地网络。

3. 家庭宽带接入方式

目前几大运营商（如电信、移动、联通、广电等）都提供宽带网络接入业务，由于技术的发展，产生了不同的接入方式，家庭宽带接入方式已经向光纤入户（FTTH）普及。各种接入方式在安装条件、所需设备、传输速率及相关费用等方面有很大的不同，这直接决定了不同的宽带接入方式适合不同的用户选择。表 1-3 所示为常见到的家庭宽带接入方式。

表 1-3   家庭宽带接入方式

接入方式	安装条件	传输速率
ADSL	ADSL（Asymmetric Digital Subscriber Line）为非对称数字用户线路，可直接利用现有的电话线路，通过 ADSL Modem 后进行数字信息传输。因此，凡是安装了电话的用户都具备安装 ADSL 的基本条件	上行速率可达到 1Mbps，下行速率可达 8Mbps
小区宽带（FTTX+LAN）	网络服务商采用光纤接入到楼（FTTB）或小区（FTTZ），再通过网线接入用户家，为整幢楼或小区提供共享带宽。这种宽带接入通常由小区出面申请安装，网络服务商不受理个人服务。用户可询问所居住小区物管或直接询问当地网络服务商是否已开通本小区宽带。	FTTB 属于上下对等线路，最大提供 10Mbps
光纤入户 FTTH	FTTH（Fiber To The Home）就是一根光纤直接到家庭。将光纤直接接入至用户家，其带宽、波长和传输技术种类都没有限制，适宜引入各种新业务，是最理想的业务透明网络，是接入网发展的最终方式	FTTH 最大提供 4Mbps 上行，100Mbps 下行，属于不对等线路

如何最快地判断宽带接入方式？如果家里装了光猫，说明是光纤进来的，一般是FTTH；如果家里没有装光猫，直接是网线入户，那么应该是 FTTB 或 LAN；如果是电话线入户，那么肯定安装的是 ADSL。

‖‖‖‖‖‖‖‖‖‖‖‖‖‖ 思考与实训 ‖‖‖‖‖‖‖‖‖‖‖‖‖‖

练习与思考

选择题

1. 通常所说的 ADSL 是指（   ）。

A. 上网方式   B. 电脑品牌   C. 网络服务商   D. 网页制作技术

2. 网卡属于计算机的（   ）。

A. 显示设备   B. 存储设备   C. 打印设备   D. 网络设备

3. 属于光纤入户的家庭宽带接入方式是（   ）

A.FTTB   B.FTTZ   C.FTTH   D.ADSL

4.ADSL 可以在普通电话线上提供 10Mbps 的下行速率，即理论上 ADSL 可以提供下载文件的速度达到每秒（   ）。

A.1024 字节   B.10×1024 字节

C.10×1024 位   D.10×1024×1024 位

5. TCP/IP 协议是 Internet 中计算机之间进行通信时必须共同遵循的一种（   ）。

A. 信息资源   B. 通信规定   C. 硬件资源   D. 软件资源

6. 一个 B 类地址中，有（   ）位用来表示主机地址。

A.8   B.24   C.16   D.32

7. 以下（　　）IP 地址标识的主机数量最多。

A.D 类　　　　　　　　B.C 类　　　　　　　　C.B 类　　　　　　　　D.A 类

8. 子网掩码中"1"代表（　　）。

A. 主机部分　　　　　B. 网络部分　　　　　C. 主机个数　　　　　D. 无任何意义

9. 127.0.0.1 属于（　　）类特殊地址。

A. 广播地址　　　　　B. 回环地址　　　　　C. 本地链路地址　　　　　D. 网络地址

10. 以 Window 7 为例建立宽带连接，以下操作步骤正确的是（　　）。

（1）选择"网络和共享中心"选项。

（2）选择"网络和 Internet"选项。

（3）选择"连接到 Internet"选项，单击"下一步"按钮。

（4）单击"设置新的连接或网络"链接。

（5）打开"开始"菜单，选择"控制面板"命令。

（6）选择"宽带（PPPoE）"选项。

（7）输入相关 ISP 提供的信息后单击"连接"按钮即可。

A.（5）（2）（3）（1）（4）（6）（7）　　　　B.（5）（2）（1）（4）（3）（6）（7）

C.（5）（1）（3）（2）（4）（7）（6）　　　　D.（5）（4）（1）（2）（3）（6）（7）

技能实训

无线路由器的简单配置

【实训目的】

（1）了解构建家庭无线局域网的过程。

（2）掌握无线路由器等相关设备的物理连接。

（3）掌握使用无线路由器配置家庭无线局域网的技能。

【实训内容】

（1）物理连接。

（2）无线路由器设置。

在浏览器中输入无线路由器的 IP 地址，根据提示输入无线路由器的登录账号和密码，进入路由器的设置界面，对 WAN 口、LAN 口和无线参数进行设置等。

（3）主机调试，搜索无线网络并连接。

（4）用自己的手机搜索并验证是否成功连接。

项目 2

组建中型局域网——公司篇

在信息化高度发达的今天，公司同事间的通信、办公已经离不开计算机、智能设备等信息化设备，而这些设备要发挥信息化作用也离不开网络，所以在现代办公环境中，组建办公室规模的中型局域网已经是非常普遍的网络建设方案。办公室网络区别于家庭网络，主要表现在两个方面：一个是覆盖范围，办公室网络的覆盖范围比家庭网络广泛一些，通常需要覆盖多个办公室；另一个是应用不同，家庭网络以娱乐为主，如影视、游戏、浏览等，而办公网络以办公应用为主，如工作文件的共享、打印机的共享、办公自动化软件等。

学习本项目后，可以了解和掌握以下内容。

1. 组建中型办公室网络。

2. 在中型局域网中共享办公资源。

3. 使用子网掩码划分子网。

■组建办公局域网

■共享文件和打印机

■连接多办公区网络

任务1　组建办公局域网

2.1.1　任务描述

这个月小明的办公室搬迁了，但是新的办公室还没有网络。新办公室中包括小明在内一共有 5 人，每人都有一台办公电脑，除此之外还增加了一台打印机。由于在工作中经常要接发邮件、互传资料，没有网络十分影响办公效率。因此他们决定在新办公室中组建办公网络，这个任务落在了小明身上。

2.1.2　知识背景

组网之前，要先按照网络拓扑图确定组网方案、选购网络设备。

1. 确定组网方案

办公室的计算机有板载的 1000Mbps 网卡，都安装有 Windows 7 操作系统。小明分析了以上情况和办公室的实际环境，准备使用星型拓扑结构来规划局域网络，如图 2-1 所示。

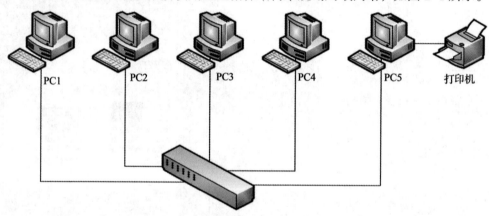

以太网交换机

图 2-1　规划的拓扑结构图

由于使用交换机来组建局域网，还要为每台计算机设置 IP 地址，因此，小明将 IP 地址规划在表 2-1 中。

表 2-1　规划的 IP 地址

计算机	地址	子网掩码
PC1	192.168.1.101	255.255.255.0
PC2	192.168.1.102	255.255.255.0
PC3	192.168.1.103	255.255.255.0
PC4	192.168.1.104	255.255.255.0
PC5	192.168.1.105	255.255.255.0

2. 采购所需的设备

　　网络规划完成后，就要考虑购买组网所需的设备和材料了。综合上面的组网方案，小明决定购买 8 端口的 10/100/1000Mbps 以太网交换机（桌面型即可）一台，6 类双绞线 50m，RJ45 水晶头若干，12U 网络机柜一个。

说明

　　（1）以太网交换机。随着计算机及其互联技术的迅速发展，以太网成为迄今为止普及率最高的短距离二层计算机网络，而以太网的核心部件就是以太网交换机，如图 2-2 所示。

图 2-2　以太网交换机

　　传统交换机是将网络中的语音信号进行交换，以达到传输给对方的目的，这种交换不管是人工交换还是程控交换，交换的都是线路，所以被称为"电路交换"，而以太网是计算机网络，交换的是数据，采用了"分组交换"的方式。例如，有 A、B 两台计算机通过以太网交换机进行连接，那么 A 到 B 之间的通信是：A 发出分组的数字信号到交换机，然后由交换机存储并转发到 B。

　　（2）电路交换。以电路连接为目的的交换方式是电路交换方式。电话网中就是采用电路交换方式。人们可以打一次电话来体验这种交换方式。打电话时，首先是拿起话筒拨号，拨号完毕，交换机就知道了要与哪里通话，并为双方建立连接，等一方挂机后，交换机就把双方的线路断开，为下一次新的通话做好准备。因此，可以体会到电路交换的动作，就是在通信时建立（即连接）电路，通信完毕时拆除（即断开）电路。至于在通信过程中双方传送信息的内容，与交换系统无关。

　　（3）分组交换。分组交换方式是指数字信号以信息分组（或称包）为单位，在网络节点进行存储转发的交换方式，也称包交换。分组是在开放系统互连参考模式（OSI RM）的第三层上以标号标识的信息组，是一组包括数据和呼叫控制信号的二进制数字序列。一个报文可以是一个分组，也可以分割成若干分组，每个分组必须具有一定的格式，如标明编号、带有地址信息等，以使交换机能分发这些分组并在目的地重新组装成一个完整的报文。通常一个分组的数据位长为 1024 位，也可以是 2048 位、512 位或其他规定值。

　　（4）网络机柜。网络机柜用来组合安装面板、插件、插箱、电子元件、器件和机械零件与部件，使其构成一个整体的安装箱。根据目前的类型来看，网络机柜包括服务器机柜、壁挂式机柜、网络型机柜、标准机柜、智能防护型室外机柜等，容量值在 2~42U 之间（"U"是一种表示服务器外部尺寸的单位，是 Unit 的缩写，1U=44.45mm=1.75 英寸），如图 2-3 所示。

　　（5）桌面型交换机。桌面型交换机是最常见的一种交换机，使用十分广泛，尤其是在一般办公室、机房等部门。在传输速度上，现代桌面型交换机大都提供多个具有 10/100/1000Mbps 自适应能力的端口。

图 2-3　网络机柜

2.1.3 动手实践

1. 物理连接

按照图 2-1 中的拓扑结构图将计算机和交换机使用双绞线连接起来，再将交换机安装在网络机柜中，并保证各个设备处于通电开启状态。

2. 设置 IP 地址，并验证是否联通

（1）为了实现通信，小明按表 2-1 对每个 PC 设备进行 IP 地址的配置，具体步骤如下。

①右击桌面"网络"图标，在弹出的快捷菜单中选择"属性"选项，如图 2-4 所示。

图 2-4　网络属性

②在"网络和共享中心"窗口单击"本地连接"链接，如图 2-5 所示。

图 2-5　"本地连接"链接

③在弹出的"本地连接状态"对话框中单击"属性"按钮，如图 2-6 所示。

④在弹出的"本地连接属性"对话框中选中"Internet 协议版本 4（TCP/IPv4）"复选框，然后单击"属性"按钮，如图 2-7 所示。

图 2-6 "本地连接状态"对话框

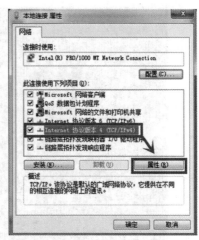
图 2-7 "本地连接属性"对话框

⑤在弹出的"Internet 协议版本 4（TCP/IPv4）属性"对话框中选中"使用下面的 IP 地址"单选按钮，然后输入表 2-1 中规划的 IP 地址和子网掩码，最后单击"确定"按钮，如图 2-8 所示。

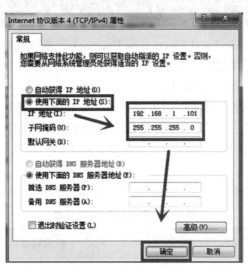
图 2-8 "Internet 协议版本 4（TCP/IPv4）属性"对话框

（2）使用"ping"命令验证 5 台计算机是否连通。

IP 地址配置完成后，办公室网络的基本架构就建设完成了，此时连接到交换机的各台计算机就已经连接到了办公室的局域网，彼此之间可以进行网络通信了。为了验证网络是否能够正常使用，小明使用其中一台计算机分别 ping 其他 4 台计算机，来检查网络是否已经全部连通，如图 2-9 所示。"数据包：已发送 =4，已接收 =4，丢失 =0"说明发送了 4 个数据包，接收到 4 个数据包，丢失了 0 个数据包。这表明 5 台电脑之间的网络连接是畅通的，可以进行正常的数据传输，即办公室的网络是通的。

说 明

ping 属于一个通信协议，是 TCP/IP 协议的一部分。利用"ping"命令可以检查网络是否连通，可以很好地分析和判断网络故障。

图 2-9 "ping" 命令验证

2.1.4 拓展知识

　　IEEE（Institute of Electrical and Electronics Engineers，电气和电子工程师协会）的总部设在美国，主要开发数据通信标准及其他标准。由于 IEEE802 委员会负责起草制定局域网草案，因此 IEEE 802 标准是一个局域网通信标准。

　　IEEE 802 规范定义了网卡如何访问传输介质（如光缆、双绞线、无线等），以及如何在传输介质上传输数据的方法，还定义了传输信息的网络设备之间连接建立、维护和拆除的途径。遵循 IEEE 802 标准的产品包括网卡、桥接器、路由器，以及其他一些用来建立局域网络的组件。

　　为了更好地理解 IEEE 802 标准，下面将常用的 IEEE 802 标准列在表 2-2 中。

表 2-2　常用 IEEE802 标准

标准名称	标准解释
IEEE 802.1A	局域网体系结构
IEEE 802.1q	虚拟局域网 Virtual LANs
IEEE 802.11	无线局域网访问控制方法与物理层规范
IEEE 802.15	无线个人网技术标准，其代表技术是 zigbee
IEEE 802.16	宽带无线 MAN 标准——WiMAX
IEEE 802.19	多重虚拟局域网共存技术咨询组
IEEE 802.20	移动宽带无线接入（MBWA）工作组

思考与实训

练习与思考

判断题

1. 随着计算机及其互联技术的迅速发展，以太网成为迄今为止普及率最高的短距离二层计算机网络。　　　　　　　　　　　　　　　　　　　　　　　　　　　　　　　（　　）

2. 分组交换方式是指数字信号以信息分组（或称包）为单位，在网络节点进行存储转发的交换方式，也称包交换。　　　　　　　　　　　　　　　　　　　　　　　　　（　　）

3. ping 属于一个通信协议，是 TCP/IP 协议的一部分。利用 ping 命令可以检查网络是否连通，可以很好地分析和判断网络故障。　　　　　　　　　　　　　　　　　　　（　　）

4. 网络机柜用来组合安装面板、插件、插箱、电子元器件和机械零部件，容量单位为 U（"U"是一种表示服务器外部尺寸的单位，是 Unit 的缩写，1U=44.45mm=1.75 英寸）。
　　　　　　　　　　　　　　　　　　　　　　　　　　　　　　　　　　　　　（　　）

技能实训

组建办公室网络

【实训目的】

熟练掌握中型局域网的组建。

【实训内容】

（1）根据实地情况设计拓扑图。

（2）按照拓扑图将设备物理连接。

（3）根据实地情况规划 IP 地址表。

（4）按照规划的 IP 地址给各个终端计算机设置 IP 地址。

（5）使用"Ping"命令验证。

任务2　共享文件和打印机

2.2.1　任务描述

通过任务 1，小明完成了对办公室网络的组建。接下来就可以通过共享一些资源来提高他们的工作效率了。这些需要共享的资源包括文本文档、图片文档、视频文件、打印机等。

2.2.2　知识背景

所谓计算机资源共享，实际上是指将网络上某一台计算机上的软件资源（如文档、视频、软件等）和硬件资源（如打印机）通过网络使另一台计算机进行远程访问的一种网络技术。在 Microsoft Windows 7 上，网络共享由 Windows 网络组件——"Microsoft 网络的文件和打印机共享"提供，它采用了网络基本输入 / 输出系统（NetBIOS）协议。

由于 Windows 是多用户操作系统，共享文件可以针对不同用户配置不同共享权限，如果配置与管理不当，就有可能成为安全隐患，因此管理员要在本地安全策略中对计算机进行设置，以确保安全。

1. NetBIOS 协议

NetBIOS 协议是一种应用程序接口，它为程序提供了请求低级服务的统一命令集，用于给局域网提供网络及其他特殊功能。几乎所有的局域网都是在 NetBIOS 协议的基础上工作的，系统可以利用多种模式将 NetBIOS 名解析为相应 IP 地址，实现信息通信，所以在局域网内部使用 NetBIOS 协议可以方便地实现消息通信及资源的共享。因为它占用系统资源少、传输效率高，尤其适用于由 20~200 台计算机组成的局域网，所以微软的客户机 / 服务器网络系统都是基于 NetBIOS 的。

在这里可以简单地理解为 NetBIOS 协议提供局域网中类似于文件路径的共享资源定位服务，将计算机名转换为 IP 地址，网络上的计算机最终通过 IP 地址进行通信。客户端计算机可以通过一些命名约定访问共享，如 \\ServerComputerName\ShareName，其中 ServerComputerName 是服务器计算机的名称或 IP 地址，而 ShareName 是文件或文件夹的名称或其路径。

2. 本地用户的共享和安全模型

本地用户的共享和安全模型是一个安全设置，确定如何对使用本地账户的网络登录进行身份验证。如果将此设置设为"经典"，那么在远程计算机要连接到此计算机的共享资源时，必须提供此计算机上存在的用户身份来通过验证，即用此计算机上存在的用户名和密码登录才能访问。如果将此设置设为"仅来宾"，那么会将远程计算机的访问自动映射到来宾账户。因为来宾账户是 Windows 系统集成的用户，此时远程计算机可以不用提供用户名和密码即可访问此计算机上的共享资源。

2.2.3 动手实践

小明使用的 PC1 上 E 盘下的名称为"办公室共享目录"的文件夹，需要共享给办公室所有人。小王使用的 PC2 上 E 盘下的名称为"共享给小明的目录"的文件夹，只共享给小明一个人。而小张使用的 PC5 上安装的打印机要共享给办公室所有人。小明根据以上要求做了如下配置。

1. 准备工作

共享前的
准备工作

（1）防火墙例外或关闭防火墙。

单击"开始"按钮，在"开始"菜单的系统常用功能区，选择"控制面板"命令。

①在打开的"控制面板"窗口中选择"系统和安全"选项，如图 2-10 所示。

图 2-10 "控制面板"窗口

②在"系统和安全"窗口中单击"允许程序通过防火墙"链接，如图 2-11 所示。

图 2-11　"系统和安全"窗口

③打开"允许的程序"窗口，在"允许的程序和功能"列表框中选中"文件和打印机共享"复选框，如图 2-12 所示。

图 2-12　"允许的程序"窗口

（2）更改不同的计算机名，设置相同的工作组。

办公室员工分别以自己的名字命名自己的计算机，并且设置在 WORKGROUP 这个工作组内。下面以小明的计算机为例来说明具体操作步骤。

①选择"控制面板"中的"系统和安全"选项，如图 2-13 所示。

图 2-13　"控制面板"窗口

②打开"系统和安全"窗口，选择"系统"选项，如图2-14所示。

图2-14　"系统和安全"窗口

③打开"系统"窗口，选择"高级系统设置"选项，如图2-15所示。

图2-15　"系统"窗口

④在"系统属性"窗口中选择"计算机名"选项卡，然后单击"更改"按钮，如图2-16所示。

⑤在"计算机名/域更改"窗口中更改计算机名和工作组，如图2-17所示。

图2-16　"系统属性"窗口

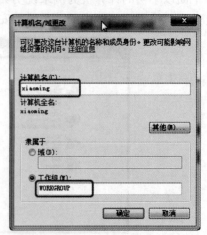

图2-17　更改计算机名和工作组

⑥单击"确定"按钮，出现"计算机名/域更改"提示框，单击"确定"按钮即可，如图 2-18 所示。

（3）确认 Server 服务处于启动状态。

Server 服务是支持本台计算机通过网络的文件、打印和命名管道共享。如果此服务停止，这些功能将不可用。所以在这里应该确保此服务是处于启动状态。

①在"运行"对话框中输入"services.msc"命令，单击"确定"按钮打开服务，如图 2-19 所示。

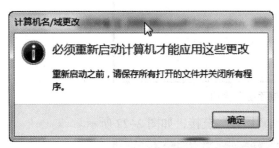

图 2-18　"计算机名/域更改"提示框

图 2-19　"运行"对话框

②如果 Server 服务未启动，单击"启动"链接启动此服务，如图 2-20 所示。

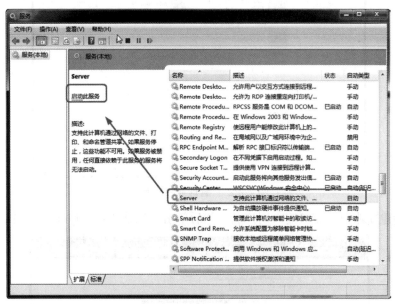

图 2-20　"服务"窗口

2. 使用用户名验证登录

准备工作完成后，小明就要开始根据要求开始配置了。

（1）根据第一个要求小王的计算机只共享给小明一个人，那么小王首先要在自己的计算机上创建 xiaoming 这个用户，具体操作步骤如下。

①打开"控制面板"窗口，选择"用户账户和家庭安全"下的"添加或删除用户账户"选项，如图 2-21 所示。

使用用户名验证登录

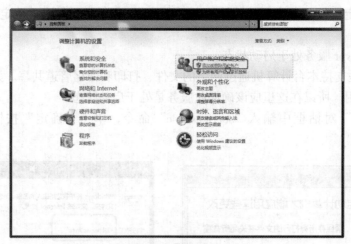

图 2-21 "控制面板"窗口

②打开"管理账户"窗口,单击"创建一个新用户"链接,如图 2-22 所示。

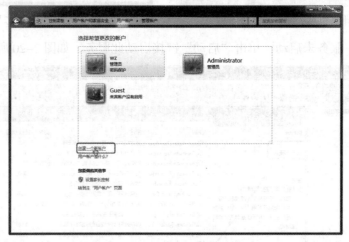

图 2-22 "管理账户"窗口

③在"创建新账户"窗口输入用户名,然后单击"创建账户"按钮,如图 2-23 所示。

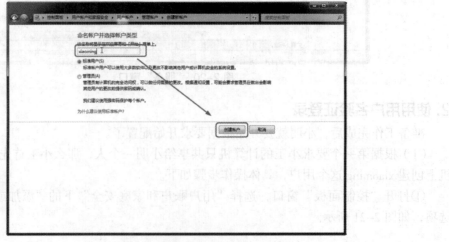

图 2-23 "创建新账户"窗口

④新账户创建成功后还要配置密码。首先在"管理账户"窗口选择新建的账户，如图 2-24 所示。

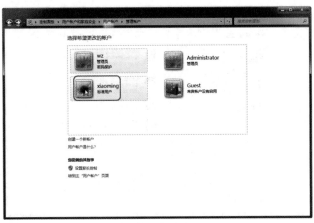

图 2-24　"选择希望更改的账户"窗口

⑤在"更改账户"窗口，单击"创建密码"链接，如图 2-25 所示。

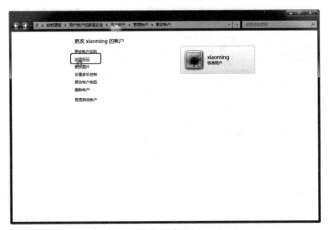

图 2-25　"更改账户"窗口

⑥在"创建密码"窗口输入密码，然后单击"创建密码"按钮，如图 2-26 所示。

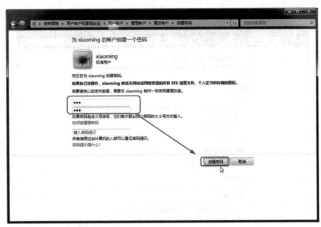

图 2-26　"创建密码"窗口

（2）创建新账户完成后，就要配置高级共享设置了，具体操作步骤如下。

①打开"控制面板"窗口，选择"网络和 Internet"选项，如图 2-27 所示。

图 2-27 "控制面板"窗口

②在"网络和共享中心"窗口，单击"更改高级共享设置"链接，如图 2-28 所示。

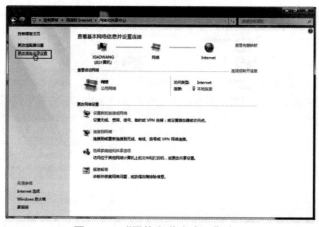

图 2-28 "网络和共享中心"窗口

③在"高级共享设置"窗口，选中"启用网络发现"和"启用密码保护共享"单选按钮，如图 2-29 和图 2-30 所示。

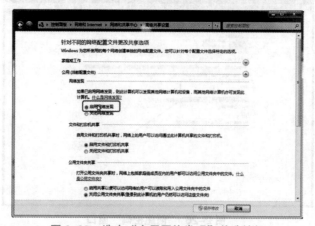

图 2-29 选中"启用网络发现"单选按钮

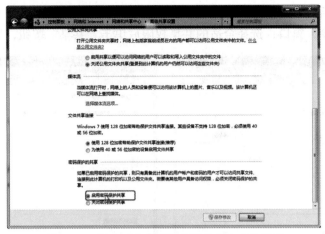

图 2-30 选中"启用密码保护共享"单选按钮

（3）"高级共享设置"完成后，将要共享的文件夹进行共享设置，具体操作步骤如下。

①右击要共享的文件夹，在弹出的快捷菜单中选择"共享"→"特定用户"选项，如图 2-31 所示。

图 2-31 右击要共享的文件夹

②在"文件共享"窗口，选择要添加的用户，如图 2-32 所示。

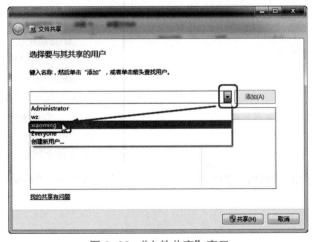

图 2-32 "文件共享"窗口

③选择好用户后，单击"添加"按钮，如图 2-33 所示。

④在"文件共享"窗口，选择合适的共享权限后单击"共享"按钮，如图 2-34 所示。

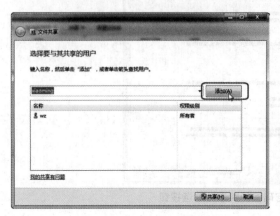 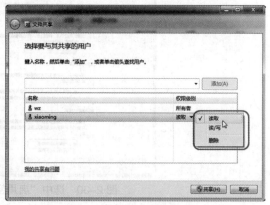

图 2-33　单击"添加"按钮　　　　　　图 2-34　单击"共享"按钮

⑤在"文件共享"窗口，单击"完成"按钮，完成共享，如图 2-35 所示。

（4）通过以上配置，共享设置就完成了，接下来小明就可以访问共享了，具体操作步骤如下。

①双击桌面上的"网络"图标，然后在打开的"网络"窗口中双击要选择的计算机，如图 2-36 所示。

②在弹出的"Windows 安全性"对话框中输入用户名和密码后单击"确定"按钮，如图 2-37 所示。

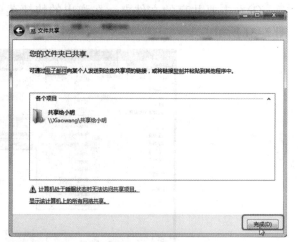

图 2-35　单击"完成"按钮

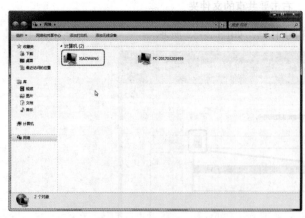 

图 2-36　"网络"窗口　　　　　图 2-37　"Windows 安全性"对话框

③用户名和密码正确输入后，就可以访问到共享文件夹了，如图 2-38 所示。

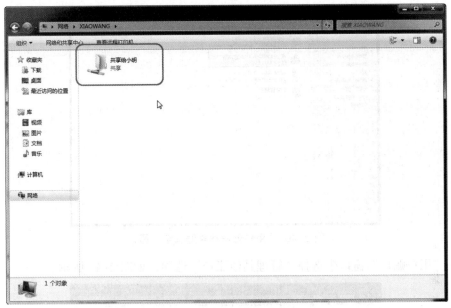

图 2-38　访问到共享文件夹

3. 使用来宾账户访问共享

（1）根据要求，小明的计算机要共享给办公室所有人，所以小明将采用来宾用户（Guest）的方式为大家提供共享服务，具体操作步骤如下。

①打开"控制面板"窗口，选择"用户账户和家庭安全"选项，如图 2-39 所示。

使用来宾账户访问共享

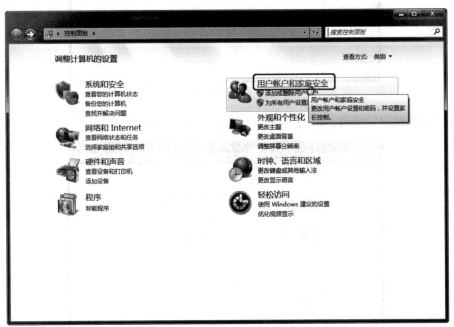

图 2-39　"控制面板"窗口

②在"用户账户和家庭安全"窗口中选择"用户账户"选项，如图2-40所示。

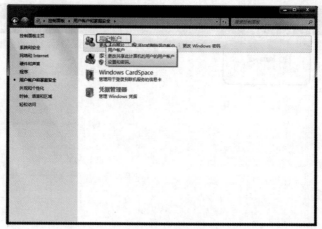

图2-40 "用户账户和家庭安全"窗口

③在"用户账户"窗口中选择"管理其他账户"选项，如图2-41所示。

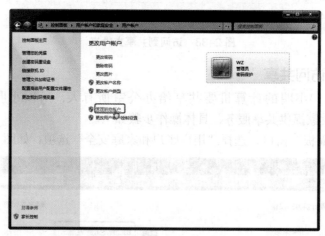

图2-41 "用户账户"窗口

④在"管理账户"窗口，单击"Guest"图标，如图2-42所示。

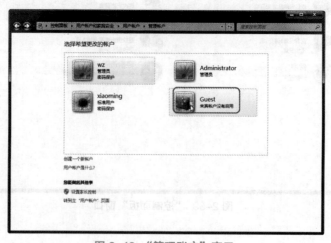

图2-42 "管理账户"窗口

⑤在"启用来宾账户"窗口中单击"启用"按钮，如图 2-43 所示。

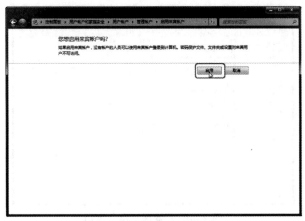

图 2-43　"启用来宾账户"窗口

（2）配置"本地安全策略"，Windows 为了保障系统安全，对 Guest 账户在"本地安全策略"中做了一些限制，具体操作步骤如下。

①打开"控制面板"窗口，选择"系统和安全"选项，如图 2-44 所示。

图 2-44　"控制面板"窗口

②在"系统和安全"窗口中选择"管理工具"选项，如图 2-45 所示。

图 2-45　"系统和安全"窗口

③在"管理工具"窗口中选择"本地安全策略"选项，如图2-46所示。

图2-46 "管理工具"窗口

④在"本地安全策略"窗口中选择"用户权限分配"选项，然后选择"从网络访问此计算机"选项，如图2-47所示。

图2-47 "本地安全策略"窗口

⑤在"从网络访问此计算机属性"对话框中单击"添加用户或组"按钮，如图2-48所示。

⑥在"选择用户或组"对话框中单击"高级"按钮，如图2-49所示。

图2-48 单击"添加用户或组"按钮

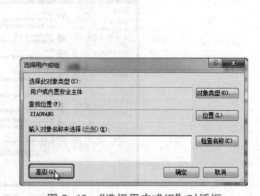

图2-49 "选择用户或组"对话框

⑦在"选择用户或组"对话框中单击"立即查找"按钮，如图 2-50 所示。

⑧在"选择用户或组"对话框中选择"Guest"选项后单击"确定"按钮，如图 2-51 所示。

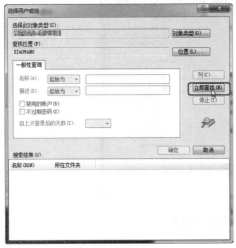
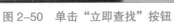

图 2-50　单击"立即查找"按钮

图 2-51　选择"Guest"选项

⑨在"选择用户或组"对话框中，即可看到"Guest"用户已被添加，单击"确定"按钮，如图 2-52 所示。

⑩在"从网络访问此计算机属性"对话框的"本地安全设置"选项卡中，看到有"Guest"用户后，单击"确定"按钮，如图 2-53 所示。

图 2-52　单击"确定"按钮

图 2-53　"本地安全设置"选项卡

⑪在弹出的"确认设置更改"提示框中单击"是"按钮来完成设置，如图 2-54 所示。

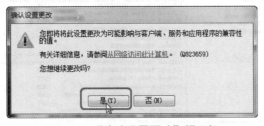

图 2-54　"确认设置更改"提示框

⑫ 在"本地安全策略"窗口中选择"拒绝从网络访问这台计算机"选项，如图2-55所示。

图2-55 "本地安全策略"窗口

⑬ 在"拒绝从网络访问这台计算机属性"对话框中，选择"Guest"选项后单击"删除"→"确定"按钮，如图2-56所示。

（3）对"Guest"账户的限制解除后，就要对"本地共享安全模型"进行配置了。因为Windows的"本地共享安全模型"默认为"经典"模式，即使用本地的用户名和密码验证后才能访问。所以要把它改成"仅来宾"模式，即使用"Guest"账户来访问共享，具体操作步骤如下。

① 在"本地安全策略"窗口中，选择"安全选项"选项，然后双击"网络访问：本地账户的共享和安全模型"，链接如图2-57所示。

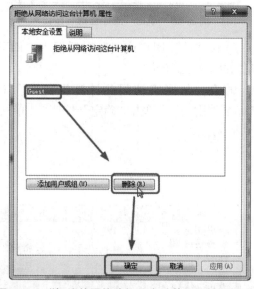

图2-56 "拒绝从网络访问这台计算机属性"提示框

图2-57 "本地安全策略"窗口

②在"网络访问：本地账户的共享和安全模型属性"对话框中，选择下拉菜单中的"仅来宾"选项，然后单击"确定"按钮，如图2-58所示。

图2-58　"网络访问：本地账户的共享和安全模型属性"对话框

（4）以上配置完成后，还需要刷新策略或重启计算机使配置生效。在"运行"对话框中输入"gpupdate"命令来刷新策略，然后单击"确定"按钮，如图2-59所示。

（5）访问共享。访问共享的方法和使用用户名访问的方法一样。双击桌面上的"网络"图标，在打开的窗口中找到"xiaoming"这台计算机并双击，即可不用输入用户名和密码就能直接进行访问了。

除此之外，这里还有另外一种方法可以访问到共享，如\\ServerComputerName\ShareName，其中ServerComputerName是服务器计算机的名称或IP地址，而ShareName可能是文件或文件夹的名称或其路径。如图2-60所示，直接在"运行"对话框或地址栏中输入共享文件路径。

图2-59　"运行"对话框

图2-60　"运行"对话框

4. 访问共享打印机

共享打印机是大家在办公场景中经常会遇到的情况。小明这次也要把办公室的打印机共享到网络中来。

（1）首先，小明要把安装在PC5上的打印机进行共享，具体操作步骤如下。

①打开"控制面板"窗口，单击"查看设备和打印机"链接，如图2-61所示。

访问共享
打印机

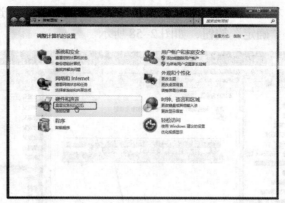

图 2-61 "控制面板"窗口

②在"设备和打印机"窗口，右击要共享的打印机，在弹出的快捷菜单中选择"打印机属性"选项，如图 2-62 所示。

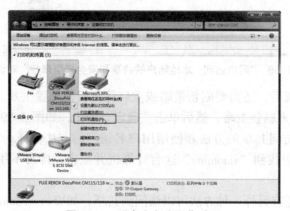

图 2-62 "设备和打印机"窗口

③在此打印机的"属性"对话框中，选择"共享"选项卡，单击"更改共享选项"按钮，然后单击"确定"按钮，如图 2-63 所示。

④选中"共享这台打印机"复选框后，输入共享打印机的名称，然后单击"确定"按钮，如图 2-64 所示。

图 2-63 此打印机的"属性"对话框

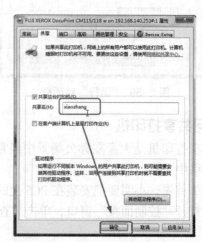

图 2-64 输入共享打印机的名称

（2）因为小明希望办公室的其他计算机连接到 PC5 访问共享打印机时不必输入用户名和密码，所以在 PC5 上使用了 "Guest" 用户进行共享。在 Windows 系统的默认安全权限中，"Guest" 用户没有打印权限，所以小明还要修改 "Guest" 用户的安全权限，具体操作步骤如下。

①打开 "设备和打印机" 窗口，右击共享打印机，在弹出的快捷菜单中选择 "打印机属性" 选项，如图 2-65 所示。

图 2-65　"设备和打印机" 窗口

②在此打印机的 "属性" 对话框中，选择 "安全" 选项卡，然后单击 "添加" 按钮，如图 2-66 所示。

③在 "选择用户或组" 对话框中，输入 "guest"，然后单击 "确定" 按钮，如图 2-67 所示。

图 2-66　在此打印机的 "属性" 对话框

图 2-67　"选择用户或组" 对话框

④在 "安全" 选项卡中，选中 "Guest" 用户后，选中打印的允许权限和想要的其他权限，如图 2-68 所示。

（3）完成以上工作，小明就可以在其他计算机上访问共享打印机并安装相应的驱动了，具体操作步骤如下。

①在其他任何一台计算机上，打开"控制面板"窗口，单击"查看设备和打印机"链接，如图 2-69 所示。

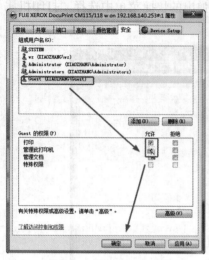

图 2-68 "安全"选项卡

图 2-69 "控制面板"窗口

②在"设备和打印机"窗口，单击"添加打印机"按钮，如图 2-70 所示。

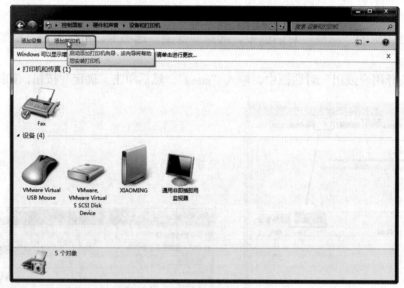

图 2-70 "设备和打印机"窗口

③在"添加打印机"对话框中，选择"添加网络、无线或 Bluetooth 打印机"选项，如图 2-71 所示。

④接下来可以选择搜索到的打印机，也可以选择指定位置的打印机。如果选择指定位置的打印机，就选择"我需要的打印机不在列表中"选项，如图 2-72 所示。

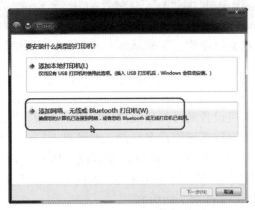

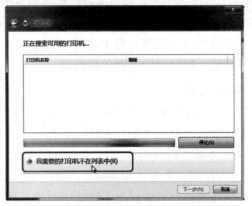

图2-71　"添加打印机"对话框　　　　图2-72　选择"我需要的打印机不在列表中"选项

　　⑤然后，选中"按名称选择共享打印机"单选按钮，并根据示例填写正确路径后单击"下一步"按钮，如图2-73所示。

　　⑥确认共享打印机添加成功后单击"下一步"按钮，如图2-74所示。

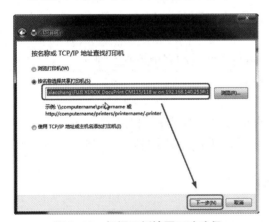

图2-73　根据示例填写正确路径　　　　　图2-74　单击"下一步"按钮

　　⑦选择是否打印测试页，如果打印，单击"打印测试页"按钮，否则单击"完成"按钮，如图2-75所示。

　　⑧返回"设备和打印机"窗口，即可看到成功安装的网络打印机驱动，如图2-76所示。

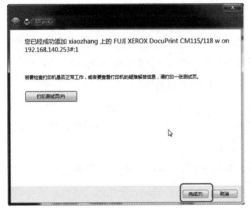

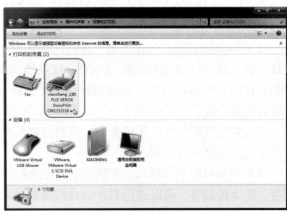

图2-75　选择是否打印测试页　　　　图2-76　成功安装网络打印机驱动

2.2.4 拓展知识

小明在以上设置过程中多次遇到与"权限"相关的设置，下面具体介绍 Windows 中都有哪些权限，以及它们的定义和作用。

1. 共享权限

共享权限是指在局域网内部，其他主机访问本机设置的可共享文件的权限，一般有完全控制、更改、只读 3 种，其特点是在同一台计算机上以不同用户名登录，对硬盘上同一共享文件或文件夹可以有不同的访问及操作权限。完全控制权限，可以让访客执行所有文件操作；更改权限，访客既能读取也能修改（删除、创建）共享文件（文件夹）的内容；只读权限，访客只能读取，不能修改（删除、创建）共享文件（文件夹）的内容。

2. 安全权限

安全权限又称为 NTFS 权限，它是常见的一种磁盘格式，在 Windows 系统中使用广泛，打破了 FAT 的局限性。在使用 NTFS 格式分区时经常会涉及 NTFS 权限设置的问题，以对文件进行处理。

NTFS 权限是指在使用磁盘时可以获得的操作许可，可以根据自己的需要对磁盘进行限制，使文件和文件传输安全有效。

（1）NTFS 权限的类型有读取、写入、读取及运行、修改和完全控制 5 种。

①读取。读取文件内的数据，查看文件的属性。

②写入。写入权限可以将文件覆盖，改变文件的属性。

③读取及运行。除了"读取"的权限外，还有运行"应用程序"权限。

④修改：除了"写入"和"读取与运行"权限外，还有更改文件数据、删除文件、改变文件名等权限。

⑤完全控制：完全控制拥有所有的 NTFS 权限。

（2）用户权限的有效性表现在以下几方面。

①权限的累加性。用户对某个资源的有效权限是所有权限来源的总和。

②"拒绝"权限会覆盖所有其他权限。虽然用户的有效权限是所有权限来源的总和，但是只要其中有个权限被设置为拒绝访问，则用户最后的有效权限将是无法访问此资源。

③文件权限的优先级高于文件夹的权限。如果针对某个文件夹设置了 NTFS 权限，同时也对该文件夹内的文件设置了 NTFS 权限，则文件的权限设置优先。

3. 共享权限与安全权限的区别

（1）共享权限是指只有当用户通过网络访问共享文件夹时才起作用，如果用户是本地登录计算机，则共享权限不起作用；NTFS 权限是指无论用户是通过网络还是本地登录使用文件都会起作用，只不过当用户通过网络访问文件时，它会与共享权限联合起作用，规则是取最严格的权限设置。

（2）共享权限与文件系统无关，只要设置共享就能应用共享权限；NTFS 权限必须是 NTFS 文件系统，否则不起作用。

（3）共享权限只有读取、更改和完全控制 3 种，NTFS 权限有许多种，如读、写、执行、改变、完全控制等，可以进行非常细致的设置。

| | | | | | |
|||||||

思考与实训

练习与思考

判断题

1. 共享权限只有读取、更改和完全控制 3 种。　　　　　　　　　　　　　(　　)

2. NTFS 权限有许多种，如读、写、执行、改变、完全控制。　　　　　　(　　)

3. NetBIOS 协议是一种应用程序接口，为程序提供了请求低级服务的统一的命令集。

　　　　　　　　　　　　　　　　　　　　　　　　　　　　　　(　　)

4. 文件夹的安全权限优先级高于文件的权限。　　　　　　　　　　　　　(　　)

技能实训

1. 使用"仅来宾"方式设置共享

【实训目的】

熟练掌握使用"仅来宾"方式共享文件夹。

【实训内容】

(1) 防火墙设置。

(2) 更改计算机名和组。

(3) 确认相关服务是否开启。

(4) 更改相关策略。

(5) 远程访问共享验证。

2. 共享打印机

【实训目的】

熟练掌握共享打印机。

【实训内容】

(1) 服务端设置共享打印机。

(2) 给相关用户设置安全权限。

(3) 客户端安装网络打印机驱动。

(4) 打印测试页测试。

任务3　连接多办公区网络

2.3.1　任务描述

由于公司的发展，小明的部门来了一个新同事：小赵，但由于办公室资源紧张，他被分配到了另外一个综合办公室。综合办公室的电脑也已经组建了办公室局域网，小赵可以和综合办公室的其他人联网，但是却无法和与同部门的同事联网，如图 2-77 所示。

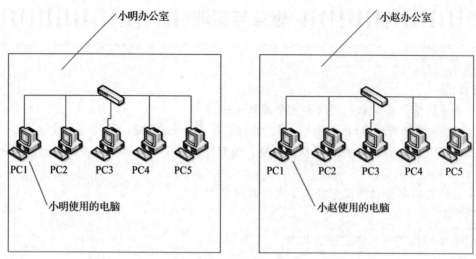

图 2-77 多办公区域拓扑图

小明需要将小赵的电脑连接到自己部门的办公网络中。经过对实地网络环境的考察，小明决定通过级联交换机的方式实现物理连接，然后通过子网掩码划分子网的方式，将小赵的电脑划分到自己部门的网络中，具体连接拓扑图如图 2-78 所示。

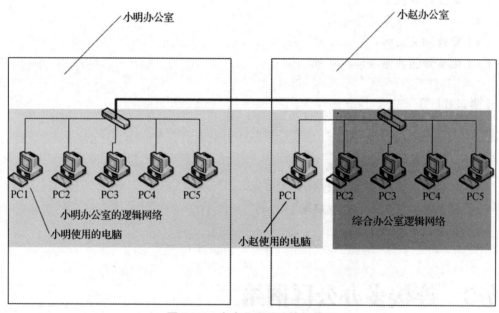

图 2-78 多办公区域连接拓扑图

图中红线将两个交换机连接起来，实现物理连接，这种方式就是交换机的级联。蓝色背景部分为小明办公室的逻辑网络，红色背景部分为综合办公室的逻辑网络，这两个逻辑网络的划分是由子网掩码来实现的。

2.3.2 知识背景

1. 交换机级联

随着网络规模的扩大，单个交换机已经不能满足网络的需求，那么在多交换机的网络环境中，级联技术可以使多台交换机实现互联，从而使网络容量增加。级联可以定义为两台或两台以上的交换机通过一定的方式相互连接，根据需要，多台交换机可以以多种方式进行级联。在局域网中，多台交换机成星型的级联结构。

交换机之间一般是通过普通用户端口进行级联的，有些交换机则提供了专门的级联端口（Uplink Port）。这两种端口的区别仅在于普通端口符合 MDIX 标准，而级联端口（或称上行口）符合 MDI 标准。由此导致了两种方式下接线方式不同：当两台交换机都通过普通端口级联时，端口之间的电缆采用交叉电缆；当且仅当其中一台交换机通过级联端口时，采用直通电缆。不过现在市场上的大部分交换机具有自动识别功能，相同端口之间的级联也可使用直通电缆了。

说　明

MDI 和 MDIX 是两种接口，是网线的标准 A 类接法和 B 类接法，也就是人们通常说的交叉网线和直联网线。直联网线就是橙白、橙、绿白、蓝、蓝白、绿、棕白、棕，另一端同样如此；交叉网线就是 另一端的 1 和 3 对调、2 和 6 对调。

2. 子网掩码、子网划分

（1）子网划分定义。Internet 组织机构定义了 5 种 IP 地址，有 A、B、C 3 类地址。A 类网络有 126 个，每个 A 类网络可能有 16777214 台主机，它们处于同一网络中。而在同一网络中有这么多计算机是不可能的，结果导致 16777214 个地址大部分没有分配出去。

可以把基于每类的 IP 网络进一步分成更小的网络，划分子网后，通过使用掩码，把子网隐藏起来，使得从外部看网络没有变化，这就是子网掩码。

例如，小明公司的网络本来是一个，但是出现了两个部门，这两个部门就要把这一个网络划分成两个，把这种方法就称为子网划分，它是通过子网掩码来划分的。

（2）子网掩码。子网掩码是一个 32 位的二进制数，其对应网络地址的所有位置都为 1，对应于主机地址的所有位置都为 0。

由此可知，A 类网络的默认子网掩码是 255.0.0.0，B 类网络的默认子网掩码是 255.255.0.0，C 类网络的默认子网掩码是 255.255.255.0。将子网掩码和 IP 地址按位进行逻辑"与"运算，得到 IP 地址的网络地址，余下的就是主机地址，从而区分出任意 IP 地址中的网络地址和主机地址。

子网掩码常用点分十进制表示，还可以用 CIDR 的网络前缀法表示掩码，即"/< 网络地址位数 >；"。例如，138.96.0.0/16 表示 B 类网络 138.96.0.0 的子网掩码为 255.255.0.0。

例如，有两台主机，小明的 IP 地址为 192.168.1.10，子网掩码为 255.255.255.192，小赵的 IP 地址为 192.168.1.173，子网掩码为 255.255.255.128。现在小明要给小赵发送数据，先要判断两个主机是否在同一网段。

①小明的主机。

192.168.1.10，即 11000000. 10101000.00000001.00001010

255.255.255.128，即 11111111.11111111.11111111.10000000

按位逻辑与运算结果：11000000. 10101000.00000001.00000000

十进制形式为（网络地址）：192.168.1.0

②小赵的主机。

192.168.1.173，即 11000000. 10101000.00000001. 10101101

255.255.255.128，即 11111111.11111111.11111111.10000000

按位逻辑与运算结果：11000000.10101000.00000001.10000000

十进制形式为（网络地址）：192.168.1.128

C 类地址判断前三位是否相同，即可确定两个 IP 地址是否在同一网段内，但本例中的 192.168.1.10 与 192.168.1.173 不在同一网段，因为这两个 C 类 IP 地址已经做了子网划分，所以不能只判断前三位就确认这两个 IP 是否在同一网段。其中 192.168.1.10 在192.168.1.1~192.168.1.127 段, 192.168.1.173 在 192.168.1.129~192.168.1.254 段，不在同一网段，因此两个主机不能直接通信。

子网划分是通过借用 IP 地址的若干位主机位来充当子网地址，从而将原网络划分为若干子网而实现的。

划分子网时，随着子网地址借用主机位数的增多，子网的数目也随之增加，而每个子网中的可用主机数逐渐减少。以 C 类网络为例，原有 8 位主机位,2 的 8 次方即 256 个主机地址，默认子网掩码为 255.255.255.0。借用一位主机位，产生两个子网，每个子网有 126 个主机地址；借用两位主机位，产生 4 个子网，每个子网有 62 个主机地址，以此类推。

每个子网中，第一个 IP 地址（即二进制 IP 地址主机部分全部为 0 的 IP）和最后一个 IP地址（即二进制 IP 地址主机部分全部为 1 的 IP）不能分配给主机使用，因为全 "0" 地址是网络地址，全 "1" 地址是广播地址。所以每个子网的可用 IP 地址数为总 IP 地址数量减2；根据子网 ID 借用的主机位数，可以计算出划分的子网数、掩码、每个子网的主机数，如表 2-3 所示。

表 2-3　C 类 IP 地址子网划分表

子网数	子网借位数	子网掩码（二进制）	子网掩码（十进制）	主机数 / 子网
1~2	1	11111111.11111111.11111111.10000000	255.255.255.128	126
3~4	2	11111111.11111111.11111111.11000000	255.255.255.192	62
5~8	3	11111111.11111111.11111111.11100000	255.255.255.224	30
9~16	4	11111111.11111111.11111111.11110000	255.255.255.240	14
17~32	5	11111111.11111111.11111111.11111000	255.255.255.248	6
33~64	6	11111111.11111111.11111111.11111100	255.255.255.252	2

2.3.3　动手实践

经过实地考察，小明发现两个交换机没有级联端口（Uplink Port），所以他按图 2-78 使用了直连网线将两台交换机进行了级联，然后对 IP 地址和子网掩码进行配置。

首先小明使用 C 类 IP 地址 192.168.1.0/ 24 来规划网络。按照要求将这个网络划分为两个子网，那么按照表 2-3 可以将子网掩码加一位来实现，也就是划分为 192.168.1.0/25 和192.168.1.128/25 两个子网。

（1）首先将小明和小赵的计算机 IP 和子网掩码设置为 192.168.1.10/255.255.255.128 和192.168.1.11/255.255.255.128，如图 2-79 和图 2-80 所示。

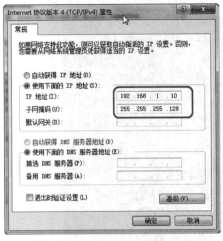

图 2-79　设置小明的计算机 IP

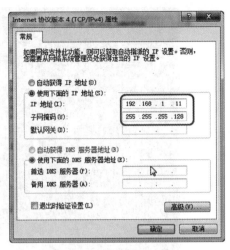

图 2-80　设置小赵的计算机 IP

（2）将综合办公室小刘的计算机 IP 和子网掩码设置为 192.168.1.129/255.255.255.128，如图 2-81 所示。

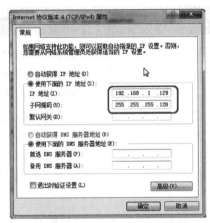

图 2-81　设置小刘的计算机 IP

（3）设置完成后，使用"ping"命令进行验证，通过验证，小明和小赵的计算机之间可以通信，小赵和小刘的计算机之间不能通信，如图 2-82 和 2-83 所示。

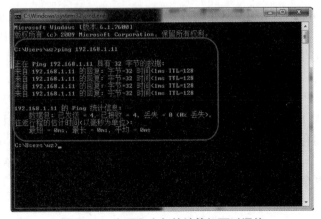

图 2-82　小明和小赵的计算机可以通信

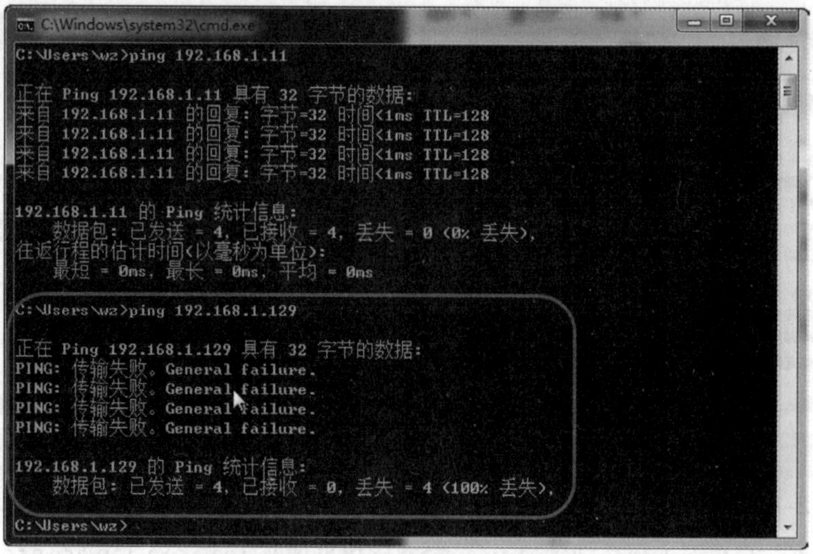

图 2-83 小赵和小刘的计算机不能通信

2.3.4 拓展知识

IP（Internet Protocol，网络之间互联的协议）是为计算机网络相互连接进行通信而设计的协议。在因特网中，它是使连接到网络上的所有计算机实现相互通信的一套规则，规定了计算机在因特网上进行通信时应当遵守的规则。任何厂家生产的计算机系统，只要遵守 IP 协议就可以与因特网互联互通。正是因为有了 IP 协议，因特网才得以迅速发展成为世界上最大的、开放的计算机通信网络。因此，IP 协议也可以称为"因特网协议"。

IP 地址是指互联网协议地址（Internet Protocol Address，网际协议地址），也可以写为 IP Address。IP 地址是 IP 协议提供的一种统一的地址格式，它为互联网上的每一个网络和每一台主机分配一个逻辑地址。

IP 地址是一个 32 位的二进制数，通常被分割为 4 个 "8 位二进制数"（也就是 4 个字节）。IP 地址通常用"点分十进制"表示成（a.b.c.d）形式，其中，a、b、c、d 都是 0~255 之间的十进制整数。例如，点分十进制 IP 地址（192.168.1.1），实际上就是 32 位二进制数（11000000. 10101000.00000001.00000001）。

常见的 IP 地址分为 IPv4 和 IPv6 两种，IPv4 有 32 位。由于互联网的蓬勃发展，IP 地址的需求量越来越大，使得 IP 地址的发放越趋严格，各项资料显示全球 IPv4 地址在 2011 年 2 月 3 日 IPv4 已分配完毕。

地址空间的不足必将妨碍互联网的进一步发展。为了扩大地址空间，拟通过 IPv6 重新定义地址空间。IPv6 采用 128 位地址长度，在 IPv6 的设计过程中除了一劳永逸地解决了地址短缺问题以外，还考虑了在 IPv4 中解决不好的其他问题。有人曾形象地比喻："IPv6 可以让地球上每一粒沙子都拥有一个 IP 地址。"互联网当前使用的主要是基于 IPv4 协议的 32 位地址，地址总容量近 43 亿个。而 IPv6 地址采用 128 位标识，数量为 2 的 128 次幂，相当于 IPv4 地址空间的 4 次幂。更令人欣慰的是，IPv6 具备方便寻址及支持即插即用等特性，能更好地支持物联网业务。

思考与实训

练习与思考

一、判断题

1. 交换机上普通端口符合 MDIX 标准，而级联端口（或称上行口）符合 MDI 标准。

　　　　　　　　　　　　　　　　　　　　　　　　　　　　　　　（　　　）

2. IP 地址是一个 24 位的二进制数。　　　　　　　　　　　　　　（　　　）

3. IP 地址是指互联网协议地址，是 IP Address 的缩写。　　　　（　　　）

4. 常见的 IP 地址分为 IPv4 和 IPv6 两种。　　　　　　　　　　（　　　）

二、选择题

1. IP 地址是计算机在因特网中唯一识别标志，IP 地址中的每一段使用十进制描述时其范围是（　　　）。

A.0~128　　　　　　　B.0~255　　　　　　　C.-127~127　　　　　　D.1~256

2. 关于因特网中主机的 IP 地址，叙述不正确的是（　　　）。

A. IP 地址是网络中计算的身份标识

B. IP 地址可以随便指定，只要和主机 IP 地址不同就行

C. IP 地址是由 32 个二进制位组成

D. 计算机的 IP 地址必须是全球唯一的

3. 对下一代 IP 地址的设想，因特网工程任务组提出创建的 IPv6 将 IP 地址空间扩展到（　　　）。

A.64 位　　　　　　　B.128 位　　　　　　C.32 位　　　　　　　D.256 位

4. 与 10.110.12.29 mask 255.255.255.224 属于同一网段的主机 IP 地址是（　　　）。

A.10.110.12.65　　　B.10.110.12.33　　　C.10.110.12.31　　　D.10.110.12.36

5. 某公司申请到一个 C 类 IP 地址，但要连接 9 个子公司，最大的一个子公司有 12 台计算机，每个子公司在一个网段中，则子网掩码应设为（　　　）。

A.255.254.255.240　　　　　　　　　B.255.255.255.192

C.255.255.255.128　　　　　　　　　D.255.255.255.240

6. C 类地址最大可能子网位数是（　　　）。

A.6　　　　　　　　　B.8　　　　　　　　　C.12　　　　　　　　D.14

技能实训

为 192.168.10.0/24 这个网络划分 4 个子网

【实训目的】

熟练掌握使用子网掩码划分子网。

【实训内容】

（1）画出拓扑图。

（2）计算出子网掩码。

（3）在各个终端设置 IP 地址和子网掩码。

（4）使用"Ping"命令验证。

项目 3

组建大型局域网——校园篇

随着计算机及网络技术的飞速发展，Internet/Intranet 应用在全球范围内日益普及，信息系统的作用也越来越大。各级政府、学校、公司和企业投入大量的资金和人才，建立了网络信息系统。随着网络规模的不断扩大，如何存储和管理网络中的共享资源，以及如何控制和协调网络中各计算机之间的工作成为首要问题。网络服务器的出现解决了上述问题。

网络服务器是计算机局域网的核心部件。服务器操作系统是在网络服务器上运行的，本项目将以微软的 Windows Server 2008 R2 服务器操作系统为例，来介绍在大型局域网中的一些应用。

学习本项目后，可以了解和掌握以下内容。

1. 安装 Windows Server 2008 R2 服务器操作系统。
2. 搭建 DHCP 服务器。
3. 搭建 Web 服务器。
4. 搭建 FTP 服务器。

■架设网络服务器

■搭建 DHCP 服务器

■搭建 Web 服务器

■搭建 FTP 服务器

任务1　架设网络服务器

3.1.1　任务描述

小明所在的公司承接了某市第五中学的校园网工程，为了更有效地管理校园网络，需要架设网络服务器，并安装服务器操作系统，经过与学校的网络管理人员沟通，最终确定采用微软的 Windows Server 2008 R2 服务器操作系统。

3.1.2　知识背景

1. 网络操作系统的定义

网络操作系统（Network Operating System，NOS）是网络的心脏和灵魂，向网络计算机提供网络通信服务和信息资源共享服务，它是负责管理整个网络资源和方便用户的软件集合。因为网络操作系统运行在服务器上，所以又被称为服务器操作系统。

2. Windows Server 2008 R2 简介

Windows Server 2008 R2 是应用非常普遍的 Windows Server 操作系统，与 Windows Server 2008 相比，Windows Server 2008 R2 继续提升了虚拟化、系统管理弹性、网络存取方式，以及信息安全等领域的应用，其中有不少功能需要搭配 Windows 7，它是第一个只提供 64 位版本的服务器操作系统。

Windows Server 2008 R2 家族共有 7 个版本，每个版本都为给定的数据中心提供一个关键功能。7 个版本中有 3 个是核心版本，有 4 个是特定用途版本。

核心版本包括 Windows Server 2008 R2 Foundation 基础版、Windows Server 2008 R2 Standard 标准版和 Windows Server 2008 R2 Enterprise 企业版；特定用途版本包括 Windows Server 2008 R2 Datacenter 数据中心版、Windows Web Server 2008 R2 Web 版、Windows HPC Server 2008 R2 HPC 版和 Windows Server 2008 R2 for Itanium-Based Systems 安腾版。

其中，Windows Server 2008 R2 企业版包含了 Windows Server 2008 R2 所有重要功能，本项目所有任务的部署与配置均使用此版本。

Windows Server 2008 R2 服务器操作系统对服务器硬件配置有一定要求，其硬件配置需求如表 3-1 所示。

表 3-1　Windows Server 2008 R2 硬件配置需求

硬　件	需　求
处理器（CPU）	最低为 1.4GHz，推荐 2GHz 或更高（x64 架构） 注意，安腾版 Windows Server 2008 R2 需要 Intel Itanium 2 处理器
内存（RAM）	最低为 512MB 最大为 8GB（基础版）、32GB（标准版）、2TB（企业版、数据中心版和安腾版）
硬盘	最低为 32GB 或更大 基础版为 10GB 或更大 注意，如果系统内存大于 16GB，那么需要更大的硬盘空间，用于存储页面文件、休眠及系统调试文件
显示设备	Super VGA（800 × 600）或更高分辨率的显示器
其他	DVD 驱动器、键盘和 Microsoft 鼠标（或兼容的指针设备）、Internet 访问

实际的需求将根据系统配置，以及选择安装的应用程序和功能的不同而有所差异。处理器的性能不仅与处理器的时钟频率有关，也与内核个数及处理器的缓存大小有关。系统分区的磁盘空间需求为估计值。如果是从网络安装的，则可能还需要额外的可用硬盘空间。

3. 选择安装方式

Windows Server 2008 R2 可以针对不同的环境限制采用多种安装方式进行安装，一般情况下，在安装系统前要确定一个合理的安装方式，以便更好地顺利安装。常见的安装 Windows Server 2008 R2 的方式有以下两种。

（1）全新安装。全新安装是指使用光盘启动服务器进行安装。这也是最普遍、最稳妥的安装方式，只需配有服务器厂商引导光盘或工具盘，根据提示适时插入安装光盘即可。全新安装也可在原有操作系统的服务器上将安装文件复制到硬盘中再直接安装，这样安装速度会更快一些。

（2）升级安装。如果服务器原来安装的是 Windows Server 2003 或 Windows Server 2008 等操作系统，则可以直接升级为 Windows Server 2008 R2 操作系统，而不需要卸载原来已有的系统，在原来系统的基础上直接升级安装即可，升级后仍可保留原来的配置。除了上述版本问题外，还需要注意以下几种情况不支持升级安装。

①跨架构升级，如 X86 升级到 X64 不受支持。

②跨语言版本升级如英文版升级到中文版不受支持。

③将版本升级如 Windows Server 2008 Foundation SKU 升级到 Windows Server 2008 Datacenter SKU 不受支持。

④跨类型替换升级，如从预览版升级到检查版不受支持。

4. 安装前的准备工作

在安装 Windows Server 2008 R2 系统之前，为了顺利完成安装，还应该做一些准备工作。

（1）系统盘预留空间充足。硬盘系统分区至少预留 10GB，但是为了让系统更好地运行、安装更新文件和其他必要的软件，建议空间设置为 40GB 以上。

（2）寻找升级报错和兼容性问题。检查系统日志寻找升级错误、提前检查硬件和软件兼容性并予以修正。

（3）备份数据。备份当前服务器运行所需的全部数据和配置信息。对于服务器，尤其是那些提供网络基础结构（如动态主机配置协议 DHCP 服务器）的服务器，进行配置信息的备份是十分重要的。执行备份时，必须包含启动分区、系统分区及系统状态数据，备份配置信息的另一种方法是创建用于自动系统恢复的备份集。

（4）切断不必要的设备连接。如果服务器与不间断电源（UPS）、打印机或扫描仪等非必要的外设连接，在安装程序之前建议将其断开，避免安装程序在自动检测这类设备时出现问题。

（5）禁用病毒防护软件。病毒防护软件可能会影响安装。例如，扫描复制到本地的每个文件，可能会明显减慢安装速度。

（6）提供大容量存储加载驱动程序。若制造商提供了单独的驱动程序文件，则将该文件保存到软盘、CD、DVD 或通用串行总线（USB）闪存驱动器的媒体根目录中。若要在安装期间提供驱动程序，则在磁盘选择页面上，单击"加载驱动程序"按钮（或按 F6 键），既可以通过浏览找到该驱动程序，也可以让安装程序在媒体中搜索。

（7）进行磁盘阵列设置。RAID 是一般情况下都要配备的功能，在安装系统之前对所选择服务器进行系统保护是非常重要的。

5. 安装后的基本配置

　　Windows Server 2008 R2 与 Windows Server 2008 相比，不仅增加和完善了许多功能，而且系统界面更倾向于 Windows 7。与之前服务器操作系统类似，Windows Server 2008 R2 在安装过程中没有对计算机名、网络连接、性能优化等进行设置，所以安装时间大大减少。安装完成后，要继续完成这些设置，可以将其分为 3 类：工作界面、网络连接和运行环境，这些设置均可以在系统或"服务器管理器"中完成。

3.1.3　动手实践

1. 全新安装操作系统

全新安装
操作系统

　　Windows Server 2008 R2 可以采用多种安装方式进行安装，如光盘安装、硬盘安装、U 盘安装、无盘安装等。一般选择光盘介质安装，首先要设置 BIOS，更改为从光驱启动系统，将 Windows Server 2008 R2 DVD 放入光驱，系统将自动运行 DVD 内的安装程序，按以下步骤完成 Windows Server 2008 R2 系统的安装。

　　步骤 1：当系统通过 Windows Server 2008 R2 DVD 引导后，出现如图 3-1 所示的预加载界面，预加载完成后，出现如图 3-2 所示的引导界面。

图 3-1　预加载界面

图 3-2　引导界面

　　步骤 2：在"安装 Windows"窗口中设置安装语言、时间格式和键盘类型等，一般直接采用系统默认设置，单击"下一步"按钮，如图 3-3 所示。

　　步骤 3：在弹出的界面中单击"现在安装"链接，如图 3-4 所示。

图 3-3　设置安装语言等

图 3-4　"现在安装"界面

步骤 4：在弹出的界面中选择需要安装的 Windows Server 2008 R2 版本，这里选择 "Windows Server 2008 R2 Enterprise（完全安装）"选项，单击"下一步"按钮，如图 3-5 所示。

步骤 5：在"请阅读许可条款"界面中，选中"我接受许可条款"复选框，单击"下一步"按钮，如图 3-6 所示。

图 3-5　选择要安装的版本

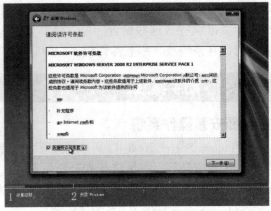

图 3-6　接受许可条款

步骤 6：在弹出的"您想进行何种类型的安装"界面中，选择"自定义（高级）"选项，如图 3-7 所示，选择全新安装模式。

步骤 7：在如图 3-8 所示的窗口中，系统将列出当前可提供安装的磁盘。如果服务器只有一块硬盘，选择默认即可；否则，单击"驱动器选项（高级）"链接，调出分区设置。在磁盘上建立分区。注意安装 Windows Sever 2008 R2 的磁盘分区必须是 NTFS 格式，可用空间大于 10GB，这里创建了一个 30GB 的分区。因为 Windows 系统在第一次管理硬盘时，会在创建的分区前面自动创建大小为 100MB 的系统保留分区，用于存放系统引导文件，所以选择第二个分区为目标分区，即在该分区上安装操作系统，如图 3-9 所示，单击"下一步"按钮。

图 3-7　"您想进行何种类型的安装"界面

图 3-8　您想将 Windows 安装在何处

步骤 8：安装程序开始安装 Windows Server 2008 R2，此时经历复制和展开文件两个步骤，如图 3-10 所示。

图 3-9   建立分区

图 3-10   复制和展开文件

步骤 9：在复制和展开文件安装完毕后，服务器会第一次重新启动。在重新启动后，Windows Server 2008 安装程序会自动继续，并且依次完成安装功能、安装更新等，服务器也会出现第二次重启、首次启动，如图 3-11~ 图 3-14 所示。

图 3-11   安装功能

图 3-12   安装更新

图 3-13   第二次重启

图 3-14   首次启动

步骤 10：从安全角度考虑，系统要求在首次登录窗口中单击"确定"按钮更改登录密码，如图 3-15 所示。

步骤 11：如图 3-16 所示，分别在密码框中输入两次完全一样的密码，单击"→"按钮确认密码更改。注意，密码至少 8 位，其中至少包含大小写字母和数字。

图 3-15　首次登录窗口

图 3-16　设置用户密码

步骤 12：如果出现"您的密码已更改"提示，如图 3-17 所示，则表示用户密码已经设置成功，此时单击"确定"按钮，即可登录 Windows Sever 2008 R2 系统。

步骤 13：在第一次进入 Windows Server 2008 界面之前，系统还会进行准备桌面等的最后配置，如图 3-18 所示。

图 3-17　您的密码已更改

图 3-18　准备桌面

步骤 14：登录成功后先出现"初始配置任务"窗口，如图 3-19 所示，可以先将其关闭，然后出现"服务器管理器"窗口，如图 3-20 所示。

图 3-19　"初始配置任务"窗口

图 3-20　"服务器管理器"窗口

2. 安装后的基本配置

（1）激活 Windows Server 2008 R2。Windows Server 2008 R2 安装后，必须在 60 天内运行激活程序，否则 60 天后就无法正常使用 Windows Server 2008 R2，只能执行与激活有关的操作。

步骤 1：单击"开始"按钮，打开"开始"菜单，选择"计算机"选项，并在其上右击，在弹出的快捷菜单中选择"属性"命令，在打开的窗口中，单击"剩余 ×× 天可以激活。立即激活 Windows"链接，如图 3-21 所示。弹出"Windows 激活"对话框，选择"现在联机激活 Windows（A）"选项。如果安装时未输入序列号，在图 3-21 中单击"更改产品密钥"链接，在弹出的窗口中输入产品密钥，单击"下一步"按钮（确保当前服务器可以成功接入 Internet），如图 3-22 所示。

安装后的基本配置

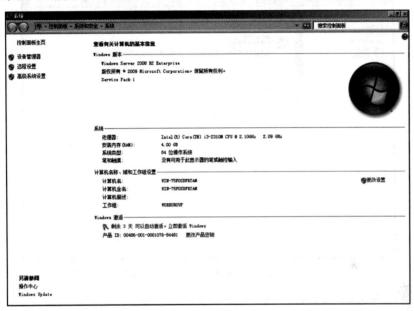

图 3-21　系统属性窗口

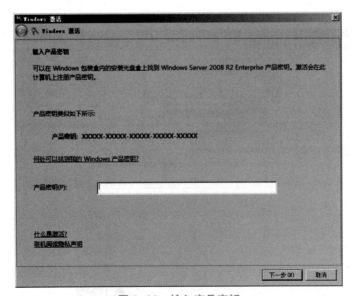

图 3-22　输入产品密钥

步骤 2：系统自动连接微软官方网站进行 Windows Server2008 R2 的激活，如果出现激活成功对话框，则表示 Windows Server 2008 R2 正式授权，能够正常使用。返回图 3-21，即可看到"Windows 已激活"的提示信息。

（2）设置 Windows Server 2008 R2 的更新。

步骤 1：依次选择"开始"→"控制面板"命令，在"控制面板"窗口中双击"Windows Update"图标。

步骤 2：在打开的"Windows Update"窗口中，单击"启用自动更新（A）"按钮开启该功能，如图 3-23 所示。

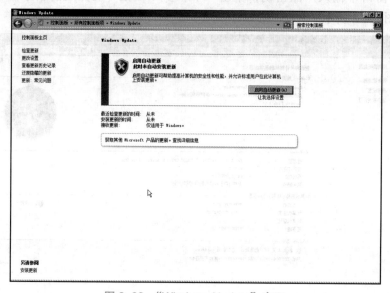

图 3-23　"Windows Update"窗口

步骤 3：在"Windows Update"窗口中，单击"更改设置"链接，可以在"更改设置"窗口中设置自动更新方法，一般可以选择"下载更新，但是让我选择是否安装更新"选项，如图 3-24 所示。

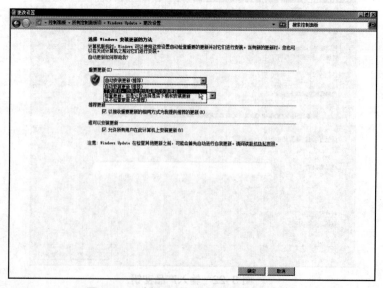

图 3-24　选择 Windows 安装更新的方法

步骤 4：设置完成后，Windows Server 2008 R2 将立即连接到 Internet，检查是否有更新补丁包。

步骤 5：在 Windows Update 程序检查之后发现了安装更新，这时单击"现在安装"按钮，即可下载更新文件。

步骤 6：更新下载完成后，系统自动进行安装，出现更新安装成功提示。

（3）配置 Windows Server 2008 R2 工作界面。

第一次进入 Windows Server 2008 R2 系统，桌面上只有"回收站"图标，如要保持原来的使用习惯，可以添加"计算机""网络"等图标。

步骤 1：单击"开始"按钮，在"搜索程序和文件"文本框中输入"显示或隐藏桌面上的通用图标"，单击找到的"显示或隐藏桌面上的通用图标"链接，如图 3-25 所示。

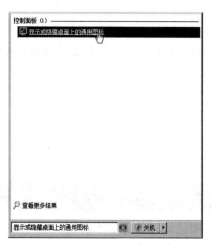

图 3-25　搜索程序和文件

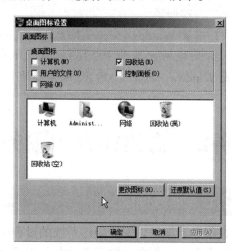

图 3-26　桌面图标设置

步骤 2：如图 3-26 所示，在"桌面图标设置"对话框中，选中需要在桌面上显示图标的复选框。这样，桌面上就出现了刚才选取的图标，可以通过双击图标进行相关操作。

3.1.4　拓展知识

其他常见的网络操作系统有以下 3 种。

1. UNIX

1969—1970 年，美国的电报电话公司（AT&T）Bell 实验室首先在 PDP-7 机器上实现了 UNIX 系统，它是美国麻省理工学院开发的在一种分时操作系统的基础上发展起来的网络操作系统。UNIX 是一个集中式分时多用户、多任务操作系统，是目前功能性、安全性和稳定性最强的网络操作系统。

2. Netware

Netware 是世界上第一个真正的微机局域网操作系统，1984 年美国 Novell 公司推出了 Netware1.0 版，它曾在 20 世纪 90 年代的工业控制、生产企业、证券系统局域网中雄霸一方。

Netware 系统对不同的工作平台（如 DOS、OS/2、Macintosh 等）、不同的网络协议环境（如 TCP/IP）及各种工作站操作系统提供了一致的服务。

3. Linux

Linux 是芬兰赫尔辛基大学的学生 Linus Torvalds 开发的具有 UNIX 操作系统特征的新一代网络操作系统，它的最大特征在于其源代码向用户完全公开，任何一个用户可根据自己的需要修改 Linux 操作系统的内核。

|||||||||||||||||||||||| 思考与实训 ||||||||||||||||||||||||

一、简述题

1. Windows Server 2008 R2 有哪些版本？有哪些新特性？安装条件有哪些？

2. Windows Server 2008 R2 的安装方式有几种？

二、实训题

1. 安装 Windows Server 2008 R2 Enterprise Edition（企业版），并设置自动更新。

2. 局域网网段为 192.168.80.0，网关为 192.168.80.254，DNS 服务器为 192.168.1.1，设置 Windows Server 2008 R2 服务器的 TCP/IP 协议。

任务2　搭建DHCP服务器

3.2.1　任务描述

在服务器架设、安装操作系统的过程中，小明从网络管理员那里了解到，学校现有教职工 150 人左右，每个人均配备了办公用的计算机，并且每个教室也有用于教学的多媒体计算机，为保证所有计算机能正常连接网络，需要为每台计算机设置不同的 IP 地址，这个地址可以手动配置，也可以自动配置。为了避免手动配置可能会出现的冲突，也为了减轻网络管理员的工作负担，经过协商，决定采用 Windows Server 2008 R2 网络操作系统的 DHCP 功能为连接到网络中的所有计算机自动分配 IP 地址。

3.2.2　知识背景

1. DHCP 的定义

DHCP（Dynamic Host Configuration Protocol，动态主机配置协议）是一个简化主机 IP 地址分配管理的 TCP/IP 标准协议，属于应用层协议。当把客户机 IP 地址设置为动态获取方式时，DHCP 服务器就会根据 DHCP 协议给客户机动态地分配 IP 地址及其他相关的环境配置工作（如子网掩码、默认网关、DNS 服务器地址的设置），使客户机能够利用这个 IP 地址与网络通信。

2. DHCP 工作原理

DHCP 客户端通过 DHCP 服务器获取 IP 地址等的相关配置如图 3-27 所示，这个过程分为以下 4 个阶段。

（1）广播 DHCP Discover。在 DHCP 协商的第一个阶段中，客户端在局域网中广播 DHCP

Discover 消息，以查找可用的 DHCP 服务器。

（2）用 DHCP Offer 响应。如果 DHCP 服务器连接到局域网，能够为 DHCP 客户端分配 IP 地址，那么它会向 DHCP 客户端单播一条 DHCP Offer 消息。DHCP Offer 消息包含 DHCP 配置参数和 DHCP 作用域中可用的 IP 地址。如果 DHCP 服务器上有与 DHCP 客户端的 MAC 地址匹配的保留，则会为该 DHCP 客户端提供保留的 IP 地址。

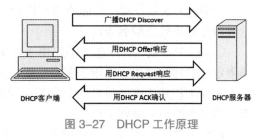

图 3-27   DHCP 工作原理

（3）用 DHCP Request 响应。在 DHCP 协商的第三个阶段中，DHCP 客户端会响应 DHCP Offer 消息，请求 DHCP Offer 消息中包含的 IP 地址。

（4）用 DHCP ACK 确认。如果 DHCP 客户端请求的 IP 地址仍然可用，那么 DHCP 服务器会用 DHCP ACK 确认消息进行响应。这样，客户端就可以使用该 IP 地址了。

3. DHCP 的常用术语

（1）地址租约。每台 DHCP 服务器都会维护一个数据库，存储分发给客户端的地址。在默认情况下，若 DHCP 服务器为某台计算机分配一个地址，该地址会有 6~8 天的租用期限（具体取决于服务器的配置）。DHCP 服务器会跟踪已出租的地址，防止同一地址分配给多个客户端。

为防止将 IP 地址分配给从网络断开的客户端，DHCP 服务器在 DHCP 租用期限过后会将其收回。若 DHCP 租用期限过半，DHCP 客户端会向 DHCP 服务器提交续订请求；如果 DHCP 服务器在线，那么该 DHCP 服务器一般会接受续订，租约周期重新开始；如果 DHCP 服务器不可用，DHCP 客户端会在剩余租期过半时尝试刷新 DHCP 租约；如果 DHCP 服务器在租用期限到达 87.5% 时仍不可用，DHCP 客户端会尝试定位新的 DHCP 服务器；这样可能会得到不同的 IP 地址。如果 DHCP 客户端正常关机，或者其管理员运行 ipconfig/release 命令，客户端会向分配 IP 地址的 DHCP 服务器发送 DHCP Release 消息。随后，DHCP 服务器会将该地址标记为可用，可以再将其分配给其他 DHCP 客户端。如果 DHCP 客户端突然从网络上断开，而没有机会发送 DHCP Release 消息，那么在 DHCP 租用期满之前，DHCP 服务器不会将这个 IP 地址分配给其他客户端。考虑到这一点，对于客户端频繁连接和断开的网络，缩短 DHCP 租约用期很重要。

（2）DHCP 作用域。在 DHCP 服务器能够将 IP 地址租给客户端之前，必须为 DHCP 服务器定义 IP 地址范围。这个范围称为"作用域"，它定义了网络上 DHCP 服务所针对的单个物理子网。当 DHCP 服务器同时连接多个子网时，必须为每个子网定义作用域和相关联的地址范围。作用域为 DHCP 服务器管理网络上客户端的 IP 地址和 DHCP 选项的分发与分配提供了重要手段。

（3）DHCP 选项。除地址租约外，DHCP 选项还会为客户端提供额外的配置参数（如 DNS 或 WINS 服务器地址）。如果某客户端计算机的 TCP/IP 属性已被配置为自动获取 DNS 服务器地址，那么这台计算机便依赖于 DHCP 服务器上配置的 DHCP 选项来获取 DNS 服务器地址。目前 DHCP 服务的选项共有 60 多个，就 IPv4 配置而言，最常见的选项包括以下几个。

① 003 路由器：该选项用于指定与 DHCP 客户端位于同一子网的路由器的 IPv4 地址列表。客户端会在必要时与这些路由器联系，以便向远程主机转发 IPv4 数据包。

② 006DNS 服务器：该选项用于指定 DNS 名称服务器的 IP 地址，DHCP 客户端可以通过这种服务器来处理域名查询。

③ 015DNS 域名：该选项不仅用于指定在 DHCP 客户端进行 DNS 域名解析的过程中遇到非限定性名称时使用，还用于客户端能够执行动态 DNS 更新。

④ 051 租约：该选项只会为远程访问客户端分配特殊的租用期限，它依赖于这种类型的客户端发布的用户类别信息。

DHCP 选项既可以分配给整个作用域，在服务器层面进行分配，也可以将设置应用于 DHCP 服务器安装定义的所有作用域中的所有租约，还可以在保留层面针对单个计算机进行分配。

在添加 "DHCP 服务器" 角色之后，管理员可以使用 DHCP 控制台来完成进一步的配置任务，这些任务包括配置排除、创建地址保留、调整作用域的租用期限、配置额外的作用域或服务器选项。

3.2.3 动手实践

1. 安装 DHCP 服务器

安装DHCP
服务器

要在运行 Windows Server 2008 R2 的服务器上安装和配置 DHCP 服务器，首先应在需要提供寻址的物理子网上部署服务器，并为该服务器分配静态 IP 地址，且该地址要在局域网计划分配的地址范围内。在为该服务器分配静态地址之后，可以通过 "服务器管理器" 窗口添加服务器角色来完成，具体安装方法和步骤如下。

步骤 1：单击 "开始" 按钮，在 "开始" 菜单选择 "管理工具" → "服务器管理器" 选项，打开 "服务器管理器" 窗口，如图 3-28 所示。

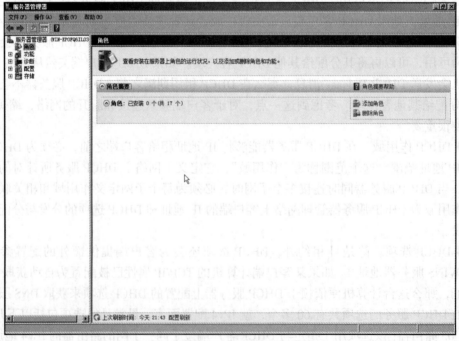

图 3-28 "服务器管理器" 窗口

步骤 2：选择左侧目录树中的"角色"选项，然后在右侧窗格中单击"添加角色"超级链接，启动添加角色向导并打开"开始之前"对话框，如图 3-29 所示。

步骤 3：单击"下一步"按钮，打开"选择服务器角色"对话框，选中"DHCP 服务器"复选框，如图 3-30 所示。

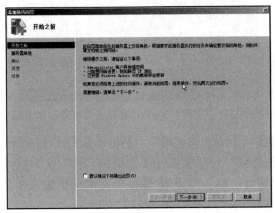

图 3-29 "开始之前"对话框

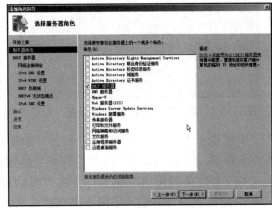

图 3-30 "选择服务器角色"对话框

步骤 4：单击"下一步"按钮，打开"DHCP 服务器"对话框，在这里有 DHCP 服务器相关的介绍，如图 3-31 所示。

步骤 5：单击"下一步"按钮，打开"选择网络连接绑定"对话框，在"网络连接"列表框中选择 DHCP 服务器用于向客户端提供服务的网络连接，如图 3-32 所示。

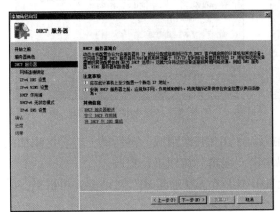

图 3-31 "DHCP 服务器"对话框

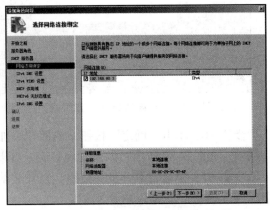

图 3-32 "选择网络连接绑定"对话框

步骤 6：单击"下一步"按钮，打开"指定 IPv4 DNS 服务器设置"对话框，指定客户端将用于解析的域名及 IP 地址，如果有备用 DNS 服务器，可以在下面的文本框中指定，如图 3-33 所示。

步骤 7：单击"下一步"按钮，打开"指定 IPv4 WINS 服务器设置"对话框，如果网络上不存在 WINS 服务器，可选中"此网络上应用程序不需要 WINS"单选按钮，如图 3-34 所示。

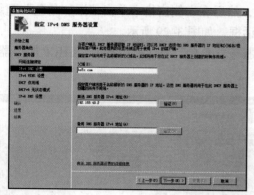

图 3-33 "指定 IPv4 DNS 服务器设置"对话框

图 3-34 "指定 IPV4 WINS 服务器设置"对话框

步骤 8：单击"下一步"按钮，打开"添加或编辑 DHCP 作用域"对话框，如图 3-35 所示。

步骤 9：单击"添加"按钮，打开"添加作用域"对话框，在"作用域名称"文本框中输入 DHCP 服务器作用域的名称，在"起始 IP 地址"和"结束 IP 地址"文本框中输入要分配的 IP 地址范围，并输入子网掩码和默认网关等信息，如图 3-36 所示。

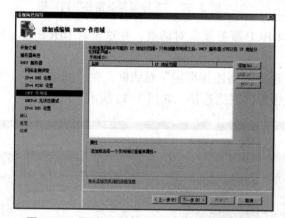

图 3-35 "添加或编辑 DHCP 作用域"对话框

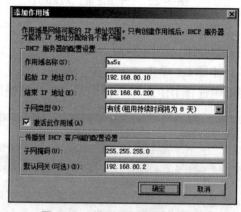

图 3-36 "添加作用域"对话框

步骤 10：单击"确定"按钮，返回"添加或编辑 DHCP 作用域"对话框，查看已添加的作用域，如图 3-37 所示，如果发现有误，可以单击"编辑"按钮进行更改。

步骤 11：单击"下一步"按钮，打开"配置 DHCPv6 无状态模式"对话框，可根据实际情况进行选择，如图 3-38 所示。

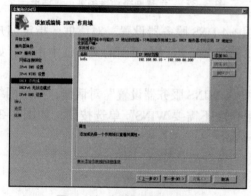

图 3-37 查看已添加作用域

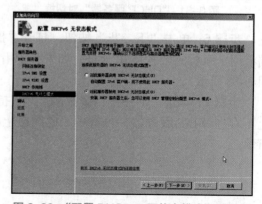

图 3-38 "配置 DHCPv6 无状态模式"对话框

步骤 12：单击"下一步"按钮，打开"确认安装选择"对话框，进行授权 DHCP 服务器的设置，如图 3-39 所示。由于在 AD 域环境中，因此 DHCP 服务器只有经过授权才能工作，当然也可以在安装完成以后再进行授权。如果发现设置错误，可单击"上一步"按钮进行修改。

步骤 13：单击"安装"按钮，即可开始安装。安装完成后打开"安装结果"对话框，如图 3-40 所示。单击"关闭"按钮退出添加角色向导。

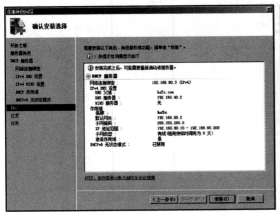

图 3-39　"确认安装选择"对话框

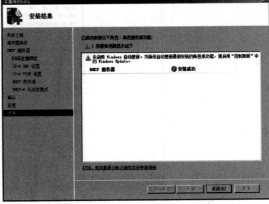

图 3-40　"安装结果"对话框

2. DHCP 服务器的设置

DHCP 服务器安装完成后，在使用过程中可能还需要进行一些配置和管理工作。如果通过添加 Windows 组件方式安装，则必须进行一些相关的设置才能提供服务。

（1）停止或启动 DHCP 服务器。在 DHCP 窗口可以停止或启动 DHCP 服务器，具体操作步骤如下。

步骤 1：单击"开始"按钮，在"开始"菜单中选择"管理工具"→"DHCP"选项，打开"DHCP"窗口，如图 3-41 所示。

DHCP服务
器的设置

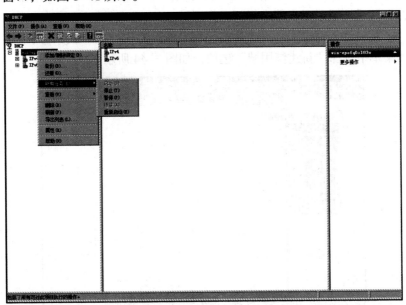

图 3-41　"DHCP"窗口

步骤 2：展开左侧的目录树，然后右击 DHCP 服务器名称，从打开的快捷菜单中选择"所有任务"→"停止"选项，即可停止 DHCP 服务，如图 3-42 所示。如果要暂停或重启 DHCP 服务，可以从打开的快捷菜单中选择相应的选项。

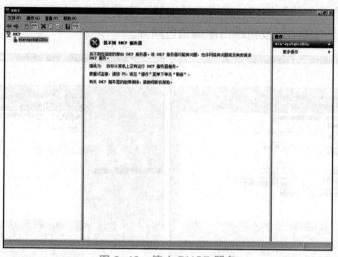

图 3-42　停止 DHCP 服务

步骤 3：如果要启动 DHCP 服务，右击 DHCP 服务器名称，从打开的快捷菜单中选择"所有任务"→"启动"选项，即可启动 DHCP 服务，如图 3-43 所示。

（2）新建作用域。在安装 DHCP 服务器的过程中已经创建了一个作用域，如果要创建另一个作用域，可以手动进行。如果在安装过程没有添加作用域，也要进行这步操作。

图 3-43　正在启动 DHCP 服务

单击"开始"按钮，在"开始"菜单中选择"管理工具"→"DHCP"选项，打开"DHCP"窗口，然后按照以下步骤进行新建作用域。

步骤 1：在"DHCP"窗口中展开左侧目录树，然后右击 DHCP 服务器下的"IPv4"选项，从打开的快捷菜单中选择"新建作用域"选项，如图 3-44 所示。

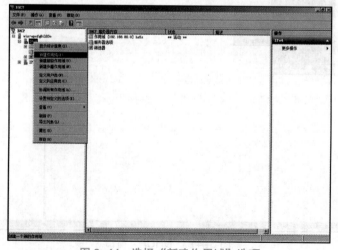

图 3-44　选择"新建作用域"选项

步骤2：打开"欢迎使用新建作用域向导"对话框，如图3-45所示。

步骤3：单击"下一步"按钮，打开"作用域名称"对话框，在"名称"文本框中输入用于标识的名称，在"描述"文本框中可输入简单的说明，如图3-46所示。

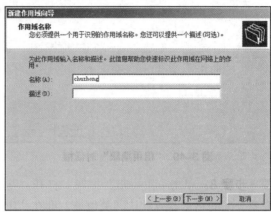

图3-45 "欢迎使用新建作用域向导"对话框   图3-46 "作用域名称"对话框

步骤4：单击"下一步"按钮，打开"IP地址范围"对话框，在这里设置由DHCP服务器分配的IP地址范围（即IP地址池），并设置"子网掩码"或子网掩码的"长度"，如图3-47所示。

步骤5：单击"下一步"按钮，打开"添加排除和延迟"对话框，输入起始和结束的IP地址，单击"添加"按钮，系统即可保留该段IP地址，如图3-48所示。

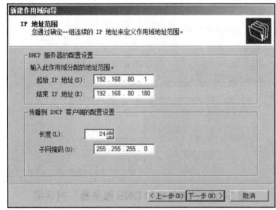
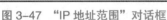

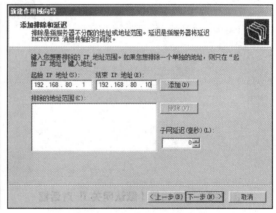

图3-47 "IP地址范围"对话框   图3-48 "添加排除和延迟"对话框

步骤6：单击"下一步"按钮，打开"租用期限"对话框，设置IP地址租期，如图3-49所示。默认租期限为8天，应当相对延长一些，这样将有利于减少网络广播流量，从而提高网络传输效率。

步骤7：单击"下一步"按钮，打开"配置DHCP选项"对话框，选中"是，我想现在配置这些选项"单选按钮，如图3-50所示。

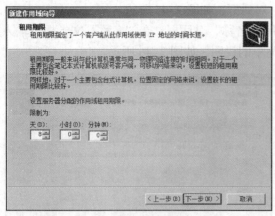

图 3-49 "租用期限"对话框

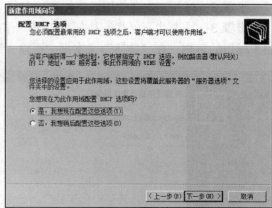

图 3-50 "配置 DHCP 选项"对话框

步骤 8：单击"下一步"按钮，打开"路由器（默认网关）"对话框，为当前的作用域指定要分配的路由器或默认网关地址，即在"IP 地址"文本框中输入想要指定的 IP 地址，然后单击"添加"按钮即可，如图 3-51 所示。

步骤 9：单击"下一步"按钮，打开"域名称和 DNS 服务器"对话框，在"父域"文本框中输入完整的父域名称，在"IP 地址"文本框中输入对应的 DNS 服务器的 IP 地址，或者在"服务器名称"文本框中输入客户端使用的 DNS 服务器（如果域控制器正运行），单击"解析"按钮，即可得到相应的 IP 地址，然后单击"添加"按钮，如图 3-52 所示。

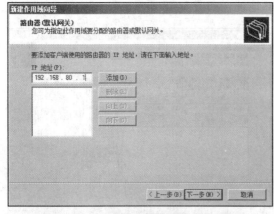

图 3-51 "路由器（默认网关）"对话框

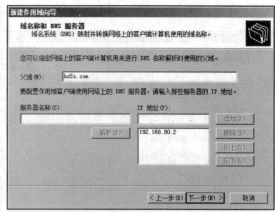

图 3-52 "域名称和 DNS 服务器"对话框

步骤 10：单击"下一步"按钮，打开"WINS 服务器"对话框，如图 3-53 所示，开始设置 WINS 服务器，方法与步骤 9 类似（如果没有安装 WINS 服务器，则可以不予安装）。

步骤 11：单击"下一步"按钮，打开"激活作用域"对话框，选中"是，我想现在激活此作用域"单选按钮，如图 3-54 所示。

步骤 12：单击"下一步"按钮，打开"正在完成新建作用域向导"对话框，如图 3-55 所示，单击"完成"按钮，即可完成作用域创建并激活该 DHCP 服务器作用域。

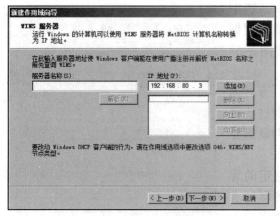

图 3-53 "WINS 服务器" 对话框

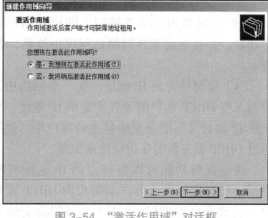

图 3-54 "激活作用域" 对话框

（3）设置 DHCP 选项。DHCP 服务器除了可以为 DHCP 客户端提供 IP 地址外，还可以用于设置 DHCP 客户端启动时的工作环境，如设置客户登录的域名称、DNS 服务器、WINS 服务器、路由器、默认网关等。

步骤 1：在 "DHCP" 窗口中右击要修改的作用域名称，在打开的快捷菜单中选择 "属性" 选项，打开作用域属性对话框 "常规" 选项卡，在这里既可以修改作用域的地址，也可以修改 DHCP 客户端的租约期限，如图 3-56 所示。

步骤 2：切换到 "DNS" 选项卡，可对 DNS 服务器进行设置，如图 3-57 所示。

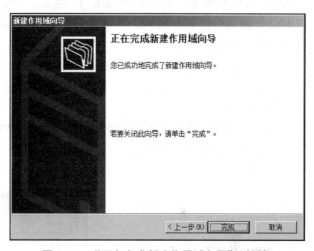

图 3-55 "正在完成新建作用域向导" 对话框

图 3-56 "常规" 选项卡

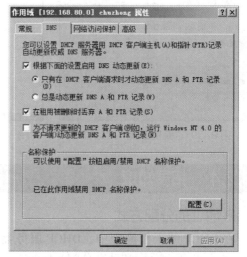

图 3-57 "DNS" 选项卡

步骤 3：切换到"网络访问保护"选项卡，选中"对此作用域启用"单选按钮，即可启用网络访问保护功能，并在下面选择网络访问保护策略，如图 3-58 所示。

（4）保留特定的 IP 地址。在一个网络中，有时需要对某些 DHCP 客户端设置固定的 IP 地址，而这些特定的 IP 地址又不能分配给其他的客户端，这时就需要通过 DHCP 服务器的保留功能来实现。

通过保留功能可以将特定的 IP 地址与特定的客户端进行绑定，当该客户端每次向 DHCP 服务器请求 IP 地址或更新租期时，DHCP 服务器都会给该客户端分配相同的 IP 地址。要保留特定的 IP 地址，只需在"DHCP"窗口中展开作用域，然后选择"保留"选项，具体操作步骤如下。

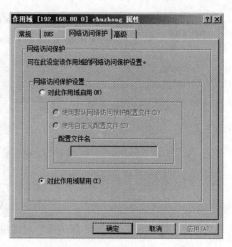

图 3-58 "网络访问保护"选项卡

步骤 1：在"DHCP"窗口中展开作用域选项，然后右击"保留"选项，从打开的快捷菜单中选择"新建保留"选项，打开"新建保留"对话框，在这里可以设置要保留的 IP 地址，如图 3-59 所示。

步骤 2：设置完成后单击"添加"按钮，该 IP 地址便指定给 DHCP 客户端，并将结果显示在对话框中，如图 3-60 所示。这样就可以建立特定的 IP 地址和特定 DHCP 客户端之间的关系。

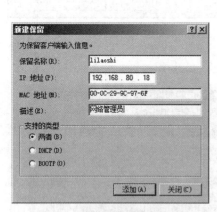

图 3-59 "新建保留"对话框

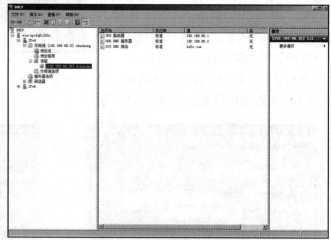

图 3-60 查看添加的保留地址

3.2.4 拓展知识

1. IP 地址的分配方式

在 DHCP 的工作原理中，DHCP 服务器提供了 3 种 IP 分配方式：自动分配（Automatic Allocation）、手动分配和动态分配（Dynamic Allocation）。

（1）自动分配是当 DHCP 客户端第一次成功地从 DHCP 服务器获取一个 IP 地址后，就永久地使用这个 IP 地址。

（2）手动分配是由 DHCP 服务器管理员专门指定的 IP 地址。

（3）动态分配是当客户端第一次从 DHCP 服务器获取到 IP 地址后，并非永久使用该地址，每次使用完后，DHCP 客户端就需要释放这个 IP，供其他客户端使用，这也是最常见的使用形式。

2. DHCP 服务器的使用情况

（1）使用 DHCP 服务器的最佳时间。

局域网内部有很多笔记本电脑使用的场合：因为笔记本电脑在使用时会经常移动，当设定为 DHCP 客户机时，只要它连接上的局域网中有 DHCP 服务器，那么笔记本电脑就可以获取到 IP 地址及其他网络参数。

局域网内计算机数量相当的多时：当局域网内计算机数量相当庞大时，网络管理员如果每台都设定网络参数，会非常烦琐。这时为了减轻网络管理员的工作量，架设 DHCP 服务器是非常必要的。

（2）不建议使用 DHCP 服务器的时间。

在局域网内的计算机大都是作为服务器用途的，很少有客户机，那么就没有必要架设 DHCP 服务器。如果局域网内有路由器或交换机可以开启 DHCP 功能，那么也没有必要单独架设 DHCP 服务器。

|||||||||||||||||||||||||||| 思考与实训 ||||||||||||||||||||||||||||

一、简述题

1. 什么是 DHCP，简述 DHCP 的工作原理。

2. 保留地址有什么作用，简述实现保留地址的原理。

二、实训题

1. 练习 DHCP 服务器的安装与配置。

2. 练习 DHCP 客户端计算机的设置。

任务3　搭建Web服务器

3.3.1　任务描述

学校的网络管理员为了节省投资，不想采用商用的 Web 服务器，想自己架设 Web 服务器建立学校的网站。小明与其沟通后，了解到学校网站内容并不很多，访问量也不会很大，提出在现有 Windows Server 2008 R2 服务器操作系统上架设 Web 服务器的方案，得到网络管理员的认可。

3.3.2　知识背景

Windows Server 2008 R2 提供了最新的 Web 服务器角色和 Internet 信息服务（IIS）7.5 版，

并在服务器核心提供了对 .NET 更强大的支持。IIS7.5 的设计目标着重于功能改进，使网络管理员可以更轻松地部署和管理 Web 应用程序，以增强可靠性和可伸缩性。

启用 IIS 的过程十分简单，重点在于了解这个平台的结构、组件和可用的功能。IIS7.5 包括了一系列的功能和选项来支持不同类型的 Web 服务和应用程序。使用服务器管理器工具可以简化 IIS 及其相关功能和选项的安装过程，使系统管理员可以根据不同的需求来部署 IIS。

1. WWW 和 HTTP

WWW（World Wide Web，环球信息网）又译为"万维网""环球网"等，常简称 Web，分为 Web 客户端和 Web 服务器程序。WWW 可以让 Web 客户端（常用浏览器）访问浏览 Web 服务器上的页面，是一个由许多互相链接的超文本组成的系统，通过互联网访问。在这个系统中，每个有用的事物，称为一种"资源"，这些资源通过超文本传输协议（Hypertext Transfer Protocol）传送给用户，而 Web 服务器程序通过单击链接来获得资源。

HTTP（HyperText Transfer Protocol，超文本传输协议）是互联网上应用最为广泛的一种网络协议。所有的 WWW 文件都必须遵守这个标准，这些文件（包括设计 HTTP 最初的目的）是为了提供一种发布和接收 HTML 页面的方法。

2. Internet 信息服务（IIS）简介

IIS（Internet Information Services，互联网信息服务）是由微软公司提供的基于运行 Microsoft Windows 的互联网基本服务。IIS 是一种 Web（网页）服务组件，其中包括 Web 服务器、FTP 服务器等，用于网页浏览、文件传输等方面，它使得在网络（包括互联网和局域网）上发布信息成为一件很容易的事。

3.3.3 动手实践

1. 安装 Web 服务器角色

安装Web服务器角色

Web 服务器（IIS）角色提供许多可用的功能和选项，Windows Server 2008 R2 的其他一些功能和选项也需要用到 IIS 组件。要安装 Web 服务器可以利用服务器管理器的"添加角色向导"功能启动服务器角色进程，如图 3-61 所示。

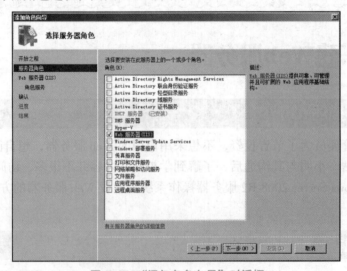

图 3-61 "添加角色向导"对话框

　　"添加角色向导"功能会自动评估本地服务器的配置，并确定是否还需要其他额外的角色服务。"选择角色服务"对话框用于确定 IIS 的哪些组件将被安装，如图 3-62 所示。默认的选项为核心 Web 服务器角色提供了一套包含最少项的功能组合，管理员可以根据需要自行添加，也可以在安装了"Web 服务器（IIS）"角色后添加或删除角色服务。因为一些角色功能会依赖于其他的功能，所以选择某选项时可能会提示先添加依赖项。

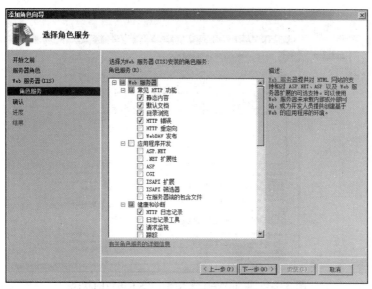

图 3-62　选择 Web 服务器（IIS）的角色服务

　　在"确认安装选择"对话框中所选的配置和角色服务以列表形式显示。当检查完列表并单击"安装"按钮后，安装过程即会开始。安装过程可能需要很长时间或需要重启服务器，这取决于之前选择了哪些角色服务。如果需要重启，当再次登录服务器时添加角色向导会从之前的断点处继续执行。最后，在"安装结果"对话框中，即可看到所安装功能的确认信息，如图 3-63 所示。

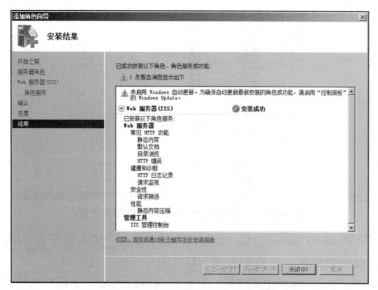

图 3-63　Web 服务器（IIS）角色安装确认

IIS 安装完毕后，可以采取多种方法来检查 Web 服务器的进程是否正常。第一种方法是使用服务器管理器工具。展开"角色"节点，选择"Web 服务器（IIS）"选项来查看相关的细节。该页面不仅提供任何需要注意的事件日志信息，而且还列出了所有已经安装的服务及其当前的状态，如图 3-64 所示。根据所安装的角色服务和依赖项，列表中给出的信息会有所不同。

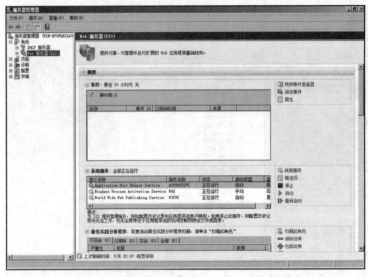

图 3-64　查看 Web 服务器（IIS）角色的状态

服务器管理器也可以显示为 Web 服务器所安装的角色服务的相关信息，如图 3-65 所示。可以单击"添加角色服务"和"删除角色服务"链接来修改配置。

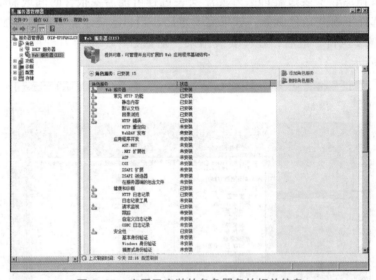

图 3-65　查看已安装的角色服务的相关信息

当在一台运行 Windows Server 2008 R2 的服务器上添加"Web 服务器（IIS）"角色时，一个默认的网站会自动被创建，它被配置在 HTTP 端口"80"进行响应。该站点默认的地址是 %SystemDrive%\Inetpub\wwwroot 文件夹，默认的内容仅包括一个简单的静态 HTML 页面和一个图片文件。因为 IIS 是为网页提供服务，所以检查 IIS 是否正常工作的一个好方法是打开

Web 浏览器，并连接到本地服务器。可以使用内置的本机名，即 http://localhost 浏览，或者使用本地服务器的全名，如 http：//www.contoso.com。无论使用哪种方式，都应显示默认的欢迎页面，如图 3-66 所示。

图 3-66　检查默认 IIS 网站的欢迎页面

2. 使用 IIS 管理工具

IIS 包括许多功能和选项，使用 Internet 信息服务（IIS）管理器可以配置和管理网站及其相关的设置。当使用默认的选项在运行的 Windows Server 2008 R2 服务器上添加 "Web 服务器（IIS）" 角色时，IIS 管理器会自动被安装。在 "管理工具" 程序组中选择 "Internet 信息服务（IIS）管理器" 选项，可以打开 IIS 管理器控制台，其界面如图 3-67 所示。默认情况下，IIS 管理器会连接到本地服务器，可以修改本地服务器的配置和其他设置。IIS 管理器旨在使用简单而一致的用户界面提供一系列的信息。左侧窗格显示所连接的服务器的信息，可以展开这些分支来浏览该服务器所托管的网站及其他对象的相关信息。其中的一些选项包含可用的附加命令，可以通过右击对象名称，在弹出的快捷菜单中选择。

图 3-67　IIS 管理器控制台界面

（1）使用功能视图。

左侧窗格中所选项的相关信息和选项会在中间窗格中显示。在页面底端有两个主要的视图可供选择。功能视图显示所选项的全部可用设置的列表。根据添加到服务器配置中的角色服务的不同，该列表的具体项也会变化。当在左侧窗格中选择了服务器，同时将"分组依据"设置为"类别"时，中间窗格中的配置项显示如图3-68所示。除此之外，可以使用"详细信息""图标""平铺"或"列表"选项来显示这些配置项，其总体的风格与Windows资源管理器相似，它旨

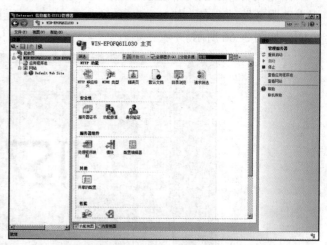

图3-68 查看IIS管理器的配置项

在为系统管理员提供一种易于理解和管理的方法来组织和显示许多的设置。双击指定的功能将会载入一个选项页面，用以修改这些设置。

（2）使用内容视图。

内容视图旨在显示网站的文件和文件夹，它以Windows资源管理器的风格显示详细信息，并提供筛选和归类文件列表的功能，如图3-69所示。在管理网站内容而不是网站设置时，内容视图是最有用的，它与旧版本IIS管理工具中的默认显示类似。

（3）使用"操作"窗格。

在IIS管理页面中，右边显示的是"操作"窗格，显示在其中的具体命令是根据选中的功能而定的。例如，选择了一个网站，会看到浏览网站的操作，以及停止、启动或重新启动网站的操作，如图3-70所示。此外，在为特定的功能修改设置时，通常会在"操作"窗格中发现"应用"和"取消"链接。

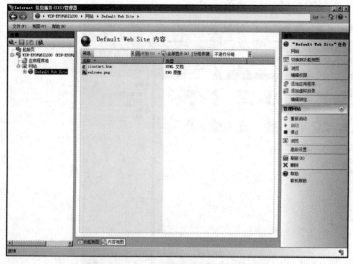

图3-69 使用IIS管理器的内容视图

图3-70 "操作"窗格

3. 创建和配置网站

（1）管理默认的网站。

"Web 服务器（IIS）"角色最初包含一个名称为 Default Web Site 的网站，该网站被配置为使用 HTTP（端口 80）来响应请求。右击 IIS 管理器中的"Default Web Site"，在弹出的快捷菜单中选择"绑定"选项，即可在"网站绑定"对话框中查看绑定列表，如图 3-71 所示。

创建和配置网站

当打开 Web 浏览器并连接一个 URL 时，IIS 会通过 HTTP 端口"80"接收请求，并且从合适的网站返回内容。在"网站绑定"对话框中单击"添加"按钮，可以为 Default Web Site 添加一个新的网站绑定，如图 3-72 所示，可以指定协议类型、IP 地址、端口信息和可选的主机名。如果试图添加一个已经使用的网站绑定，将被提示必须配置一个唯一的绑定。

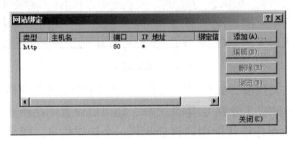

图 3-71　"网站绑定"对话框

图 3-72　添加网站绑定

（2）添加网站。

在 IIS 管理器中右击"网站"，在弹出的快捷菜单中选择"添加网站"命令，在打开的"添加网站"对话框中开始添加一个新网站的进程，其配置选项如图 3-73 所示。

除了为网站指定默认的协议绑定外，还需要提供网站名称。该设置仅仅是一个逻辑上的名称，对于网站的用户来说不是直接可见的。默认情况下，IIS 管理器会以提供的网站名称创建一个新的应用程序池，也可以通过单击"选择"按钮来选择一个现有的应用程序池。"内容目录"栏为网站的根文件夹提供完整的物理路径，IIS Web 内容的默认根目录为 %SystemDrive%\Inetpub\wwwroot。Default Web Site 的初始文件都保存在这个文件夹

图 3-73　"添加网站"对话框

中，也可以创建一个新的文件夹来保存新网站的内容。"连接为"按钮用于指定安全证书，IIS 将使用该安全证书来访问内容。默认的设置是使用传递身份验证，它表示正在请求的 Web 用户的安全上下文将被使用。"立即启动网站"复选框用于决定是否在单击"确定"按钮后立即启动网站。如果网站绑定信息已经被使用，系统将给予警告。

一旦单击"确定"按钮添加网站，它将会出现在 IIS 管理器的左侧窗格中。选中网站后，使用"操作"窗格中的命令，或者右击该网站名称，在"管理网站"菜单中选择相应的命令，用户可以单独地启动或停止网站，其他的配置信息可以随时进行修改。这样能够在不影响本服务器上其他网站的情况下单独地创建、配置和停止网站。除了与网站相关的基本设置

外，还有一些被定义在网站级别的其他设置。

（3）配置网站限制。

网站限制设置对网站所能支持的带宽大小和连接数进行上限的设定，这些设置使系统管理员能够确保服务器上的一个或多个网站不会占用过多的网络带宽或消耗太多的系统资源。选中合适的网站，选择"操作"窗格中的"限制"命令，就可以对网站限制进行配置。图 3-74 所示为一个新建网站的默认设置。

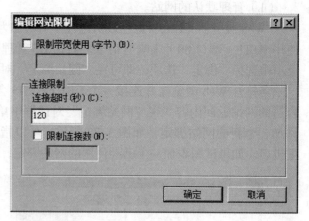

图 3-74　配置网站限制

"限制带宽使用"复选框用于输入 Web 服务器可以支持的最大带宽值，如果超过了这个限制，Web 服务器会产生响应延时。

"连接限制"栏指定网站上活动用户连接的最大数值，如果没有在指定的时间内收到新的请求，每一个用户连接会自动超时（默认为 120 秒或 2 分钟）。除此之外，还可以设置网站所允许的最大连接数，如果超过设置的数值，试图新建连接的用户将会收到一个错误信息，提示服务器繁忙而无法响应。

（4）配置网站日志设置。

日志是另一个网站级的设置，选中合适的网站，在功能视图中双击"日志"，就可以访问这些属性。图 3-75 所示为日志设置的默认选项。

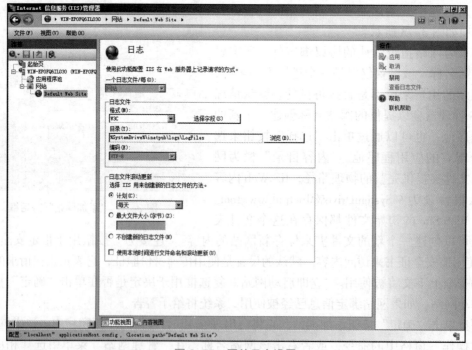

图 3-75　网站日志设置

具体可以使用的选项依赖于安装了哪些 Web 服务器的角色服务。默认情况下，每一个新建的网站都被配置为在本地服务器的 %SystemDrive%\Inetpub\Logs\ LogFiles 路径下以文本方式存储日志文件。每个网站会被分配它自己的文件夹，并且每个文件夹会包含一个或多个日志文件。可以选择不同的日志文件格式，但是默认的是 W3C 格式，该标准被用来比较不同 Web 服务器平台的日志信息。"选择字段"按钮可用于确定哪些信息被保存在日志文件中。默认的字段设置是为了在性能和有用的信息之间提供一种很好的平衡。添加字段会影响 Web 服务器的性能并增加日志文件的大小，所以只添加需要用来分析的信息。

在业务量大的 Web 服务器上，日志文件会迅速增长。因为日志文件是基于文本格式的，所以管理和分析大的文件通常会比较困难。"日志文件滚动更新"栏可用于指定 IIS 创建新的日志文件的时间。默认情况下，每天都会创建新的日志文件，可以选择不同的时间间隔，或者指定每个日志文件的最大文件大小。还有一个选项用来指定只使用一个日志文件，虽然有可能使用文本浏览器（如记事本）打开日志文件以获取信息，但更通用的方法是使用日志分析工具来分析结果。

3.3.4　拓展知识

虚拟主机是指将一台物理 Web 服务器虚拟成多台 Web 服务器，在一个功能较强大的服务器上利用虚拟主机的方式，为多个企业提供 Web 服务。虽然所有的 Web 服务器是由一台服务器提供的，但访问者却认为是在不同的服务器上获取 Web。

虽然可以在一台物理计算机上建立多个 Web 站点，但为了让用户能访问到正确的 Web 站点，每个 Web 站点必须有一个唯一的辨识身份。用来辨别 Web 站点身份的识别信息有 IP 地址、主机头名称和 TCP 连接端口。下面是创建虚拟主机的 3 种方式。

（1）基于 IP 地址：在 Web 服务器网卡上绑定多个 IP 地址，每个 IP 地址对应一台虚拟主机。访问这些虚拟主机时，可以使用虚拟主机的 IP 地址。

（2）基于主机头名称：采用基于主机头名称方式创建虚拟主机时，服务器只需要一个 IP 地址，但对应着多个域名，每个域名对应一台虚拟主机，这已经成为建立虚拟主机的标准方式。访问虚拟主机时，只能使用虚拟主机域名来访问，而不能通过 IP 地址来访问。

（3）基于 TCP 连接端口：Web 服务的默认端口号是 80，通过修改 Web 服务的工作端口，使每个虚拟主机分别拥有一个唯一的 TCP 端口号，从而区别不同的虚拟主机。访问基于 TCP 连接端口创建的虚拟主机时，需要在 URL 上加上 TCP 端口号，如 http://www.contoso.com:8080。

|||||||||||||||||||||||||||| 思考与实训 ||||||||||||||||||||||||||||

一、简述题

1. 简述什么是万维网。

2. 简述什么是超文本传输协议。

二、实训题

1. 安装 IIS7.5，利用 IIS7.5 创建网站。

2. 通过绑定不同的 IP 地址、端口和主机名，在一台服务器上创建两个以上网站。

任务4 搭建FTP服务器

学校的网络管理员又提出了新的要求：教师编写的教案、学案，制作的课件，搜集和整理的试题、资料等是在教育教学过程中花费了大量的时间和精力积累起来的，如何才能最大限度地保障这些宝贵数据的安全，更好地为教育教学服务，就显得尤为重要。此外，还有如何利用校园网提高办公、教学效率，如何对宝贵的教学资源实现网络化管理及信息资源的共享。

小明与学校的网络管理员进行了深入的探讨后，结合学校实际情况，决定采用 Windows Server 2008 R2 操作系统自带的 FTP 服务器功能来实现学校提出的资源存储和资源共享的要求。

3.4.2 知识背景

1. FTP 和 FTP 服务器 的定义

FTP（File Transfer Protocol，文件传输协议）又称为"文传协议"，用于在网络上控制文件的双向传输。同时，它也是一个应用程序（Application），基于不同的操作系统有不同的 FTP 应用程序，而所有这些应用程序都遵守同一种协议以传输文件。在 FTP 的使用过程中，用户经常遇到两个概念：下载（Download）和上传（Upload）。"下载"文件就是从远程主机复制文件至自己的计算机上；"上传"文件就是将文件从自己的计算机中复制至远程主机上。

简单地说，FTP 服务器是指支持 FTP 协议的服务器，它是一个客户机 / 服务器系统。用户通过一个支持 FTP 协议的客户机程序，连接到在远程主机上的 FTP 服务器程序，并通过客户机程序向服务器程序发出命令，服务器程序执行用户所发出的命令，并将执行的结果返回到客户机。例如，用户发出一条命令，要求服务器向用户传送某一个文件的副本，服务器会响应这条命令，将指定文件送至用户的机器上。客户机程序代表用户接收到这个文件，将其存放在用户目录中。

Windows Server 2008 R2 内置的 FTP7.5 提供增强的安全性能和管理功能。通过身份验证方法、加密连接、授权设备及用户主目录等设置，保证新的 FTP 站点不出现安全漏洞。

2. 匿名身份登录和基本身份登录

（1）匿名身份登录。

使用 FTP 时必须首先登录，在远程主机上获得相应的权限以后，方可下载或上传文件。所以必须有账号和口令，否则便无法传送文件。FTP 主机不可能为每个用户都创建账号，匿名 FTP 就是为解决这个问题而产生的。匿名 FTP 是这样一种机制，用户可通过它连接到远程主机上，并从其下载文件，而无须成为其注册用户。系统管理员建立了一个特殊的账号——anonymous，任何人都可使用该账号登录匿名 FTP 主机。

通过 FTP 程序连接匿名 FTP 主机的方式与连接普通 FTP 主机的方式差不多，只是在要求提供用户标识 ID 时必须输入"anonymous"或选中"匿名登录"复选框，该账号的口令可以是任意的字符串。通常，用自己的 E-mail 地址作为口令，使系统维护程序能够记录下来哪个用户在存取这些文件。

（2）基本身份登录。

使用基本身份登录，要求用户提供有效的用户名和密码才能获得内容访问权限。用户账户可以是 FTP 服务器的本地账户，也可以是域账户，其默认的主目录就是其账号命名的目录。此外，还可以变更到其他目录中去，如系统的主目录等。

3.4.3 动手实践

1. 安装 FTP 服务

Windows Server 2008 R2 内置的 FTP 服务（FTP7.5）是"Web 服务器（IIS）"服务器角色中一个可以选择安装的角色服务。可以使用服务器管理器向服务器中添加该角色，具体操作步骤如下。

步骤 1：单击"开始"按钮，在"开始"菜单中选择"管理工具"→"服务器管理器"选项，打开"服务器管理器"窗口，如图 3-76 所示。

安装FTP
服务

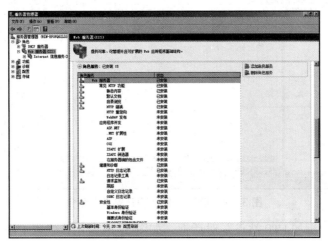

图 3-76 "服务器管理器"窗口

步骤 2：展开左侧目录树中的"角色"选项，然后选择"Web 服务器（IIS）"选项，再单击右侧窗格中的"添加角色服务"链接，打开"选择角色服务"对话框，如图 3-77 所示。在"角色服务"列表框中选中"FTP 服务器"复选框。

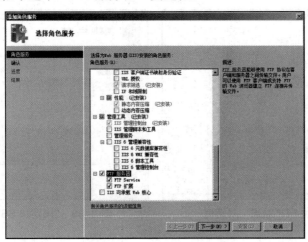

图 3-77 "选择角色服务"对话框

步骤 3：单击"下一步"按钮，即可自动开始安装，安装完成后关闭当前窗口。

2. 创建匿名身份访问的 FTP 站点

创建匿名身份访问的FTP站点

安装 FTP 服务后，可以参照下述步骤创建匿名身份访问的 FTP 站点，只开启下载功能。

步骤 1：在"开始"菜单的管理工具下选择"Internet 信息服务（IIS）管理器"选项，打开"Internet 信息服务（IIS）管理器"窗口。

步骤 2：展开左侧当前服务器名称，右击"网站"，并在弹出的快捷菜单中选择"添加FTP 站点"命令，如图 3-78 所示。

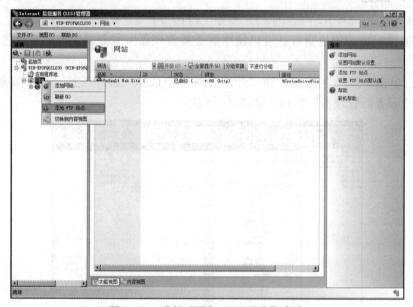

图 3-78　选择"添加 FTP 站点"命令

步骤 3：出现"添加 FTP 站点"对话框，如图 3-79 所示，输入 FTP 站点名称，指定内容目录的物理路径，这里可以单击"浏览"按钮并在弹出的对话框中选取相应的文件夹，或者手动输入内容目录的路径地址。

步骤 4：单击"下一步"按钮，出现"绑定和 SSL 设置"对话框，如图 3-80 所示，绑定 IP 地址选择服务器网卡的 IP 地址，端口采用默认的 21 号端口，SSL 设置为"无"。

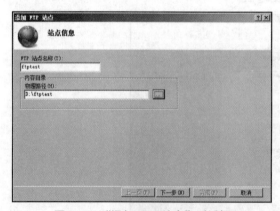

图 3-79　"添加 FTP 站点"对话框

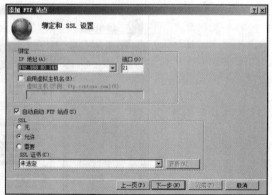

图 3-80　"绑定和 SSL 设置"对话框

步骤 5：单击"下一步"按钮，出现"身份验证和授权信息"对话框，如图 3-81 所示，在"身份验证"栏选中"匿名"和"基本"复选框，在"授权"栏"允许访问"下拉列表框中选择"匿名用户"选项，权限设置为"读取"，然后单击"完成"按钮。

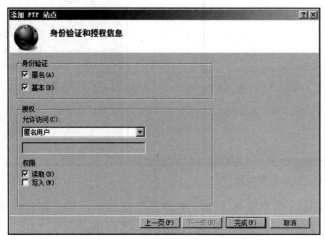

图 3-81 "身份验证和授权信息"对话框

步骤 6：在服务器上测试 FTP 站点，打开浏览器，在地址栏中输入"ftp://192.168.80.144"，然后按 Enter 键，即可显示 FTP 站点中的内容，如图 3-82 所示。

图 3-82 通过浏览器访问 FTP 站点

3. 创建基本身份访问的 FTP 站点

有时需要开启用户的上传功能，为了 FTP 站点数据安全，不允许匿名用户访问，只有通过用户名和密码登录，才能上传下载文件，那么首先要创建用于登录 FTP 的用户账户，然后修改 FTP 的授权规则，具体操作步骤如下。

创建基本身份访问的FTP站点

步骤 1：打开"服务器管理器"窗口，依次展开"配置"→"本地用户和组"选项，右击"用户"，在打开的快捷菜单中选择"新用户"选项，如图 3-83 所示。

步骤 2：在打开的"新用户"对话框中，输入"用户名"和"密码"。注意，密码至少要求 8 位，其中至少包含大小写字母和数字。选中"密码永不过期"复选框，如图 3-84 所示。

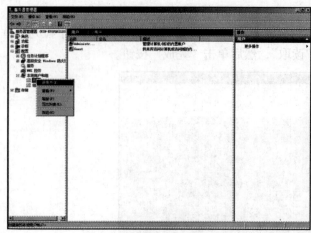

图 3-83 "服务器管理器"窗口

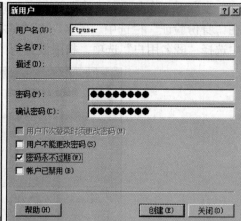

图 3-84 "新用户"对话框

步骤 3：在"Internet 信息服务（IIS）管理器"窗口中，单击创建的 FTP 站点，然后在中间功能区中，双击"FTP 授权规则"图标，如图 3-85 所示。

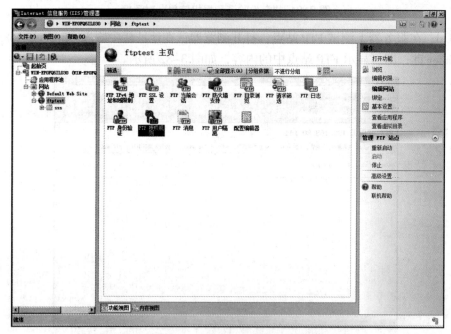

图 3-85 "Internet 信息服务（IIS）管理器"窗口

步骤 4：在出现的"FTP 授权规则"窗口中双击当前的一条规则，出现"编辑允许授权规则"对话框，如图 3-86 所示，选中"指定的用户"单选按钮，输入刚刚建立的用户名：ftpuser，权限设置为"读取"和"写入"，并单击"确定"按钮。

步骤 5：在服务器上测试 FTP 站点，打开浏览器，在地址栏中输入"ftp://192.168.80.144"，然后按 Enter 键，出现如图 3-87 所示的登录对话框，输入在步骤 2 中创建的用户名和密码，单击"登录"按钮，即可显示 FTP 站点中的内容。

图 3-86   "编辑允许授权规则"对话框

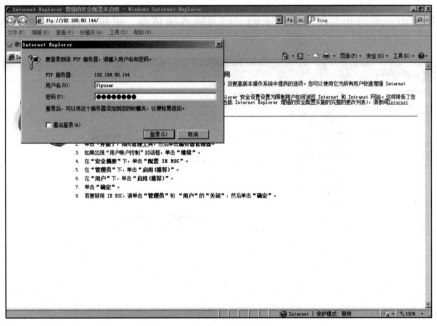

图 3-87   登录对话框

由于创建 FTP 站点时 SSL 设置为"允许",上述创建的两种 FTP 站点只是在服务器本机测试可以访问了,但是网络中的其他计算机还不能访问,还需要进行如下设置。

步骤 1:在"开始"菜单中选择"控制面板"选项,打开"控制面板"窗口,如图 3-88 所示。

图 3-88 "控制面板"窗口

步骤 2:单击"系统和安全"类别下的"检查防火墙状态"链接,打开"Windows 防火墙"窗口,如图 3-89 所示。

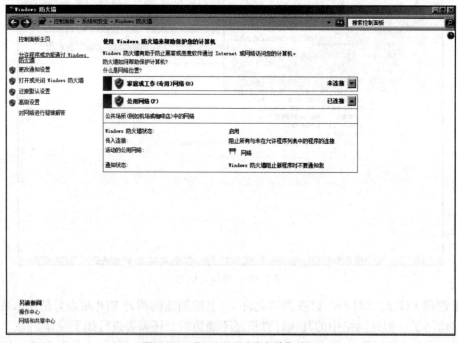

图 3-89 "Windows 防火墙"窗口

步骤 3:单击"允许程序或功能通过 Windows 防火墙"链接,打开"允许的程序"窗口,如图 3-90 所示。

步骤 4:单击"允许运行另一程序"按钮,打开"添加程序"对话框,如图 3-91 所示。

图 3-90　"允许的程序"窗口　　　　　　　　　图 3-91　"添加程序"对话框

步骤 5：单击"浏览"按钮，打开"浏览"对话框，如图 3-92 所示，找到 C：\windows\system32 目录下的 svchost 程序。

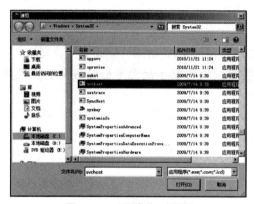

图 3-92　"浏览"对话框

步骤 6：单击"打开"按钮，再单击"添加"按钮，将"Windows 服务主程序"添加到"允许的程序和功能"列表框中，如图 3-93 所示，单击"确定"按钮关闭防火墙设置。

图 3-93　"允许的程序和功能"列表框

经过上述设置后，网络中的其他计算机才可以使用浏览器，并通过网络访问 FTP 站点。

3.4.4　拓展知识

一般情况下，管理员可以通过 FTP 站点中的物理文件夹对内容进行组织。但在某些情况下，FTP 服务可能需要提供对非 FTP 根文件夹中内容的访问，此时可以通过创建虚拟目录解决。虚拟目录指向文件夹地址，并可以与其他虚拟目录或物理文件夹进行嵌套。当用户看到虚拟目录时，感觉与物理文件夹并无区别。但是，所有的上传和下载操作都将被定向到物理文件夹。当希望在多个物理站点之间共享某些内容或不想将数据移动或复制到 FTP 根文件夹时，使用虚拟目录是一种有效的解决方案。

||||||||||||||||||||||||||||||| 思考与实训 |||||||||||||||||||||||||||||||

一、简述题

1. 简述什么是 FTP 和 FTP 服务器。

2. FTP 的登录方式有哪几种。

二、实训题

1. 创建并配置匿名身份访问的 FTP 站点，并设置允许匿名用户可以上传、下载资料。

2. FTP 站点内容目录所在的物理磁盘空间已经用完了，设置 FTP 服务器虚拟目录，以增加 FTP 站点的空间。

项目 4

局域网管理——运维篇

现在局域网已经广泛应用于家庭、工作和日常生活中，时刻影响着人们活动的方方面面，网络的正常运行与否，已经关系到人类社会的正常有序运行。但是，任何设备或软件都不可能永远无故障运行，网络故障也是局域网运行中经常会出现的问题，一旦网络故障发生，网络管理人员应当能够在最短的时间内找到故障发生的原因和物理或逻辑网络位置，并且在第一时间内解决故障。通过本项目的学习，希望大家为担负网络管理人员岗位职责打下基础。

学习本项目后，可以了解和掌握以下内容。

1. 局域网络中常见网络故障的表现形式。

2. 使用常用 Dos 命令来诊断分析常见局域网故障的原因。

3. 常见局域网故障的排查方法。

4. Windows 操作系统自带的防火墙软件的使用。

5. Windows 操作系统远程桌面的使用。

■诊断网络故障

■设置操作系统自带防火墙

■配置 Windows 远程桌面

任务1　诊断网络故障

4.1.1　任务描述

　　随着局域网的应用率越来越高，小明单位的工作已经离不开局域网的支持，各种各样的工作需求都在局域网上应用展开。但是，随着网络应用的增多，单位的局域网也开始频繁出现网络中断、网络拥堵、木马病毒等故障。小明经常加班来解决单位网络问题，可还是不能满足单位的正常使用。下面就以小明单位的局域网为例，首先介绍初步的网络故障诊断知识和技术。

4.1.2　知识背景

　　想要排除网络故障，首先要能够对网络中的非正常现象进行识别和分析，然后才能对分析得出的故障进行处理，所以小明认识到正确地诊断网络故障是排除网络故障的首要条件。

1. 了解网络故障

　　网络故障（Network Failure）是指由于硬件的问题、软件的漏洞、病毒的侵入等引起的网络无法提供正常服务或降低服务质量的状态。由此可见，网络故障主要是由硬件、软件和病毒3个方面引起的，而计算机病毒也属于计算机软件，所以可以将常见的网络故障分为两类，即物理网络故障和逻辑网络故障（硬故障和软故障）。

2. 诊断网络故障

　　了解了网络故障的成因和分类，就可以对网络中出现的非正常现象进行分析和识别。

　　网络故障的诊断，就像医生诊断病人的病情一样，要通过表面现象来分析内部的症结所在。在诊断网络故障时，要注意收集故障网络的不正常表现现象，诊断网络故障也可以借用中医所提出的"望、闻、问、切"四诊法，"望"——观察设备指示灯和屏幕信息来分析设备运行情况；"闻"——听设备运行噪声和风扇速度来分析设备负载，通过抓包来监听网络通信；"问"——询问网络使用人员网络不正常的现象；"切"——通过网络诊断工具来分析网络故障情况。

　　一般网络故障的诊断思路是"先易后难，先软后硬"，常见的网络故障诊断方法有分层法、分段法等。

3. 常用网络诊断命令

网络故障
诊断法

　　小明了解了网络故障的基本知识后，认识到要想定位和分析网络故障，需要使用相关的工具，除了专业的仪器和设备外，怎样才能有更加简便的方法来分析定位故障呢？其实在常用的 Windows 操作系统中就继承了很多 Dos 命令，有一部分是专门用于网络诊断的。常用的网络诊断 Dos 命令如表 4-1 所示。

表 4-1　常用网络诊断命令

命令名	用途	常用参数数量
ping	判断网络的连通性	5个
ipconfig	查看 TCP/IP 配置情况	3个
netstat	查看 TCP/IP 协议使用情况及端口使用情况	4个
tracert	跟踪数据在网络中传输的路径	3个
arp	查看和修改 IP 地址和 MAC 地址对应关系	3个

说明

（1）ping 命令。ping 命令通过传送 ICMP 报文来检测网络节点之间是否连通及网络的连接速度，其原理为：向被测试目标 IP 地址发送一个数据包，并要求对方返回一个同样大小的数据包，通过对方返回数据包的情况判断两个节点之间的网络是否连通，并通过延时来判断网络连接速度。

ping 命令基本格式为：ping 目标 IP 地址，如 ping 192.168.0.2。注意，ping 和目标 IP 地址之间有英文半角的空格。

常见的 ping 命令回显分为以下几种情况。

①数据包可以成功发送到目标 IP 地址，并可以从该 IP 地址得到返回数据包，如图 4-1 所示。

②可以向目标 IP 地址发送数据包，但是得不到回应，请求返回超时，如图 4-2 所示。

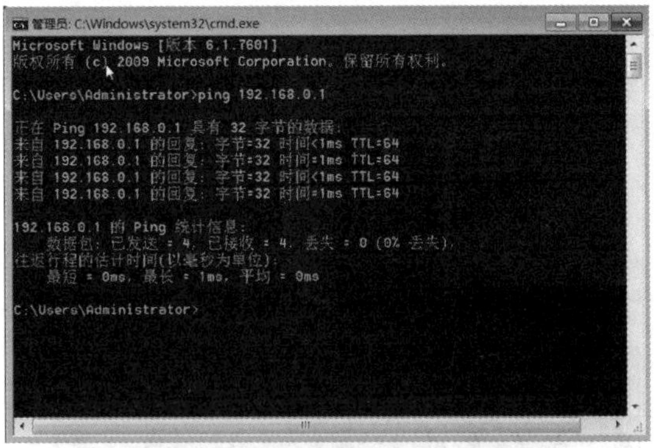

图 4-1　ping 命令屏幕回显 1 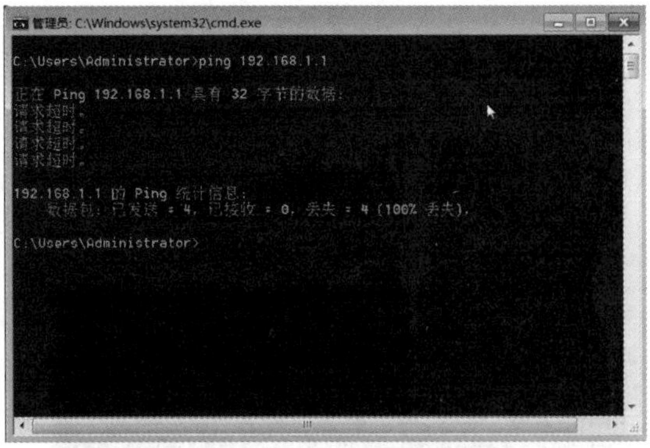　　　　　　　图 4-2　ping 命令屏幕回显 2

③无法向目标 IP 地址发送数据包，如图 4-3 所示。

ping 命令常用参数：ping ［-t］［-a］［-n］［-l ］［-w］

ping -t：用来不断地 ping 对方，直到按 Ctrl+C 键停止（Windows 默认是四次停止），如图 4-4 所示。

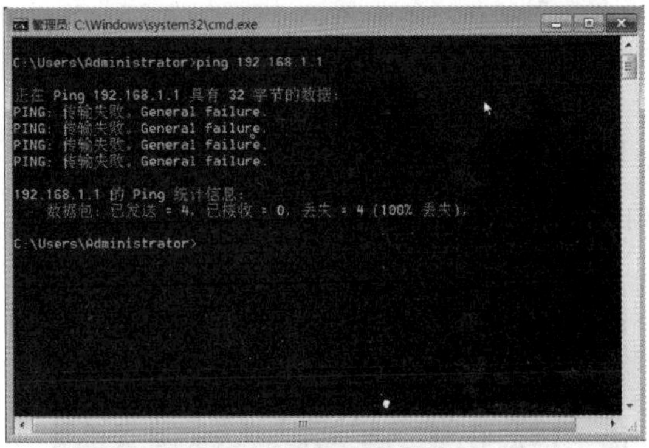

图 4-3　ping 命令屏幕回显 3　　　　　　　图 4-4　ping-t 命令屏幕回显

ping -n：用来自定义发送的包数量。例如，ping -n 5 192.168.0.1 系统将发送 5 个数据包到目标 IP 地址，如图 4-5 所示。

ping -a：用来显示对方的 NETBIOS 名称出现在 IP 地址前面。注意，这个参数只能加在目标 IP 地址之前，如图 4-6 所示。

图 4-5　ping-n 命令屏幕回显

图 4-6　ping-a 命令屏幕回显

ping -l：用于设定发送到目标 IP 地址的数据包大小，取值范围为 0~65500B（默认 ping 发送的数据包大小为 32B），如图 4-7 所示。

ping -w：用于设置 ping 命令等待每次回复的超时时间，单位为毫秒（如果 ping 命令可以得到目标 IP 地址的回复，-w 参数无意义，此参数只影响无法得到回复显示请求超时的等待时间）。

（2）ipconfig 命令。ipconfig 命令用于查看本地节点的 TCP/IP 配置情况。

ipconfig 命令基本格式为：ipconfig。

ipconfig 命令的屏幕回显如图 4-8 所示。

图 4-7　ping-l 命令屏幕回显

图 4-8　ipconfig 命令默认回显

ipconfig 命令常用参数为 ipconfig［/all］［/release］［/renew］，注意参数与命令之间有一个英文半角空格。

ipconfig /all：用来显示本地节点的详细 TCP/IP 配置，如图 4-9 和图 4-10 所示。

图 4-9　ipconfig/all 命令回显 1

图 4-10　ipconfig/all 命令回显 2

ipconfig /release：用来释放本地节点通过 DHCP 服务器所获得的 IP 地址，通常和 /renew 参数结合使用，如图 4-11 所示。

ipconfig /renew：用来重新通过 DHCP 服务器为本地节点获得 IP 地址，通常和 /release 参数结合使用，如图 4-12 所示。

图 4-11　ipconfig/release 命令回显　　　　图 4-12　ipconfig/renew 命令回显

（3）netstat 命令。netstat 命令用于显示路由表、实际的网络连接及每一个网络接口设备的状态信息，一般用于检验本机各端口的网络连接情况。

netstat 命令基本格式为：netstat。

netstat 命令的屏幕回显如图 4-13 所示。

netstat 命令常用参数有 netstat［-a］［-e］［-n］［-o］，注意参数与命令之间有一个英文半角空格。

Netstat -a：用来显示本地节点所有有效连接的信息列表，如图 4-14 所示。

图 4-13　netstat 命令回显　　　　图 4-14　netstat-a 命令回显

netstat -e：用于显示关于以太网的统计数据，可以用来统计一些基本的网络流量，如图 4-15 所示。

netstat -n：以数字形式显示地址和端口号，如图 4-16 所示。

图 4-15　netstat-e 命令回显　　　　　图 4-16　netstat-n 命令回显

netstat-o：显示与每个连接相关的所属进程 ID，如图 4-17 所示。

（4）tracert 命令。tracert 命令用于确定 IP 数据包访问目标所采取的路径。

tracert 命令基本格式为：tracert 目标 IP 地址，如 tracert 192.168.0.2。注意，tracert 和目标 IP 地址之间有英文半角的空格。

tracert 命令的屏幕回显如图 4-18 所示。

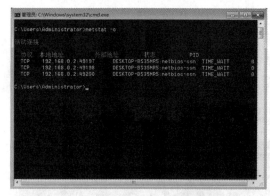

图 4-17　netstat-o 命令回显　　　　　图 4-18　tracert 命令回显

tracert 命令常用参数有 tracert［-d］［-h］［-w］。

tracert -d:在追踪时，不将网络跃点地址解析成主机名，可以缩短追踪的时间，如图 4-19 所示。

Tracert -h：后加数字来设置追踪的最大跃点数，如图 4-20 所示。

图 4-19　tracert-d 命令回显　　　　　图 4-20　tracert-h 命令回显

Tracert –w：后加数字来设置返回的超时时间（单位是毫秒），如图 4-21 所示。

（5）arp 命令。arp 命令用于显示和修改"地址解析协议（ARP）"缓存中的项目。ARP 缓存中包含一个或多个表，它们用于存储 IP 地址及其经过解析的以太网物理地址。计算机上安装的每一个以太网络适配器都有自己单独的表。

arp 命令基本格式为：arp［–a］［–d］［–s］。注意，arp 命令如果没有参数，只显示该命令的帮助信息。

arp 命令的常见参数如下。

arp –a：用于显示所有接口的当前 ARP 缓存表，如图 4-22 所示。

图 4-21　tracert–w 命令回显 　　　　　图 4-22　arp–a 命令回显

arp –d：能够人工删除 arp 缓存中的一个静态项目，如 arp 后不加指定的 IP 地址，则删除所有的静态项目，如图 4-23 所示。

arp –s：可以向 arp 缓存中人工输入一个静态项目，如图 4-24 所示。

图 4-23　arp–d 命令回显　　　　　图 4-24　arp–s 命令回显

4.1.3　动手实践

1. 排除简单物理连接故障

学习了故障诊断方法和诊断命令，小明感觉有了些把握。这时，办公室的大刘说他的计算机不能上网了。小明按照"先易后难，先软后硬"的原则，先检查大刘计算机的 Windows 操作系统，发现大刘的桌面任务栏上出现了一个不一样的图标，如图 4-25 所示。

小明从以往的经验知道，出现这个图标说明网络的物理连接出现了问题。为了定位故障，他分步骤开始了网络测试诊断工作。

（1）他先检查了大刘计算机的网卡设置和驱动安装情况，没有发现问题。

（2）他又用网线测试仪测试了大刘计算机到交换机的网线，连通性也没有问题。

（3）他又观察了办公室交换机的接口，大刘计算机连接的那个接口指示灯是熄灭的，但把办公室别的计算机连接到这个接口，却能够正常联网，接口指示灯也正常闪烁，这也排除了交换机故障的可能。

图 4-25　故障计算机屏幕截图

设备都没有问题，为什么系统显示网络连接被拔出呢？小明想到网络故障诊断"四诊法"中"问"这个环节，就向大刘询问计算机网络问题出现前后的情况，才知道大刘今年夏天出差了，他的计算机一直闲置了几个月没有使用，计算机连接的网线也被拔掉了，昨天才把计算机连上网线，却发现不能上网了。

听完这些，小明有了诊断方向：计算机长期闲置，网卡接口处于未插线的暴露状态，又经过多雨的夏天，很可能是网卡接口的触点发生氧化导致与网线插头接触不良。他仔细观察了大刘计算机的网卡接口，发现里面的触点确实已经严重生锈了。当小明仔细地把触点上的锈迹清除干净后，插上网线，打开浏览器，网络恢复正常了！

办公室的同事都夸小明是个出色的"网络医生"，小明也很高兴，他把这次故障诊断的要点总结到表 4-2 中，以备日后再处理此类问题。

表 4-2　网络电缆被拔出故障的诊断要点

故障现象	诊断要点
Windows 系统出现网络电缆被拔出的图标（网络连接的图标上出现红色的叉号），网络全部中断	询问故障发生前后计算机的使用状况，如是否有长期闲置、搬动位置、更换硬件、插拔电缆及软硬件设置的更改，以及交换机、路由器的配置更改等
	观察计算机网卡接口和交换机接口的指示灯状态，更换能正常上网计算机的网线再观察，初步诊断是否为设备故障
	用网线测试仪测试计算机到交换机或路由器网线的连通性，诊断是否因网线断路或接头制作及线序问题导致断路
	插拔并压紧网线接头，诊断是否因松动导致接触不良
	观察接口和接头的触点，诊断是否因氧化导致接触不良
	检查设备管理器中网卡的状态，尝试重装网卡驱动
	检查 BIOS 设置中板载网卡的设置情况
	尝试替换网卡、主板、交换机、路由器等硬件

2. 排除网络连接出现感叹号的故障

今天同事小周说他们办公室的计算机能够互相连接，但不能和其他办公室的计算机连接，也不能上网。小明来到小周的办公室，看到小周的计算机屏幕显示如图 4-26 所示。

小周计算机任务栏上网络连接的图标上有黄色的感叹号，单击此图标显示，如图 4-27 所示。

图 4-26　故障计算机屏幕截图

图 4-27　网络连接图标屏幕截图

　　小明打开计算机桌面上的网络图标，发现同办公室的计算机都能够互相连接，也能正常共享文件，但是不能访问其他办公室的计算机，也不能上网。小明意识到可能是小周办公室的计算机 IP 地址出现了问题，他打开"控制面板"→"网络和 Internet"→"网络连接"→"本地连接"属性，发现设置是自动获取 IP 地址。为了验证计算机是否获取了正确的 IP 地址，小明输入 ipcofnig 命令查看小周计算机的 IP 地址情况，如图 4-28 所示。

　　小明曾经学习过 169.254.0.0/8 的 IP 地址段属于自动私有 IP 地址，如果计算机自动获得这类的 IP 地址，说明计算机无法从局域网的 DHCP 服务器获取正常的 IP 地址。他立刻在同办公室的计算机上用 ipconfig 命令查看，发现都是获取的这个地址段的 IP 地址，也就是说该办公室的计算机都不能从 DHCP 服务器获取 IP 地址，而且由于获取的都是同一地址段的 IP 地址，办公室内的计算机还是处于同一子网内，不影响互相连接和传输，但是没有正确的 IP 地址，因此不能和单位的局域网连接，也就不能正常上网了。小明尝试使用"ipconfig / release"和"ipconfig / renew"命令释放此 IP 地址，并重新获得新的 IP 地址，出现的提示如图 4-29 所示。

图 4-28　ipcofnig 命令查看 IP 地址

图 4-29　获取新的 IP 地址故障截图

　　这说明计算机无法与 DHCP 服务器联系，小明分析小周办公室的计算机都不能获取 IP 地址，如果不是单个计算机的原因，那么很可能是办公室网络中心节点的问题。于是查看了小周办公室的交换机，发现交换机的级联接口指示灯闪烁不正常，处于时断时续的状态。他又用网线测试仪测试级联网线，发现 3、4 号线不通，说明小周办公室的交换机不能正常与单位局域网连接，所以也就无法与 DHCP 服务器通信。小明立即将网线的水晶头剪掉重新制作，测试全部线路畅通，插上网线后测试办公室的计算机，已经能够获取正确的 IP 地址，也能正常上网了。

这之后的一个星期天，王教授打电话说他的计算机网络连接也出现了黄色感叹号，而且手机也连不上 Wi-Fi 了。小明马上赶到王教授家，很自信地用 ipconfig 命令查看计算机，但出乎意料地发现计算机的 IP 地址是正确的，再查看王教授手机通过 Wi-Fi 得到的 IP 地址也是正确的，这说明这次网络故障与自动分配地址无关。他回想了一下王教授家的网络结构，计算机和手机通过无线路由器组成局域网，无线路由器运行 DHCP 服务为局域网分配 IP 地址，小明又在计算机上用 ping 命令查看和无线路由器的连接状态，发现也是正常的，如图 4-30 所示。

图 4-30　Ping 命令查看正常截图

　　这说明王教授家的局域网是没有问题的，小明把注意集中到了无线路由器连接 ADSL 光纤"猫"的网络区域，通过观察，无线路由器的所有指示灯都正常，运行应该没有问题。但是 ADSL 光纤"猫"掉到了柜子后面的缝隙里，外壳上落满了灰尘，摸上去很热，于是小明关掉光纤"猫"的电源，清理了外壳和散热孔的灰尘，等温度降下来后重新接上电源，打开光纤"猫"，再测试计算机时，网络连接处的黄色感叹号消失了，计算机和手机都能正常上网了。小明明白了原来系统网络连接图标出现感叹号并不都是因为 DHCP 出现问题，系统检测到无法连接到互联网也会出现这种提示。

　　小明随后在互联网上搜索了相关的问题，总结出网络连接出现黄色感叹号故障的诊断要点，如表 4-3 所示。

表 4-3　网络连接出现感叹号故障的诊断要点

故障现象	故障分类	诊断要点
Windows 系统出现无法识别的网络或无法连接到 Internet 的图标（网络连接的图标上出现黄色的感叹号），网络部分中断或全部中断	IP 地址设置问题	使用 ipconfig 命令查看本地节点 IP 设置情况，如果是指定的 IP 地址，设置为正确的局域网地址
		如果是自动获取的 IP 地址，检查本地节点与 DHCP 服务器的连接情况
		如果是自动获取 IP 地址，通过 ipconfig/release 命令释放 IP 地址，再用 ipcofig/renew 命令重新获取 IP 地址，排除因 IP 地址冲突或其他网络造成的 IP 地址占用情况
		如果是自动获取 IP 地址，检查本地局域网内是否存在额外的 DHCP 服务，如某台计算机运行一些小型的 DHCP 服务端程序，或者在局域网中接入了启动 DHCP 服务的小型路由器等，防止其干扰客户端与正常的 DHCP 服务器通信
	无法访问 Internet 问题	使用 ipconfig 命令查看本地节点的 IP 设置，如果是指定 IP 地址，检查 IP 地址是否正确，检查网关 IP 地址是否正确
		如果是自动获取 IP 地址，检查是否获取正确 IP 地址和正确网关地址
		使用 ping 命令检查本地节点与网关的网络连通情况，如有故障参考 4.1.3 节问题排除方法排除
		逐级检查各层交换机直至出口路由器，排除设备故障
		家庭无线局域网用户检查无线路由器的运行和设置情况是否正常
		ADSL 接入的家用网络检查入户光纤设备的运行情况，必要时联系接入服务提供商进行维修

3. 排除无法共享的网络故障

今天一上班，刚调入财务科的小吴就给小明打来电话，说他为了熟悉公司财务制度，想让财务科同事老郑把相关文件共享给他，但他的计算机网络中却看不到老郑的计算机，请小明去看看。小明觉得这是个很典型的共享设置的操作，以前给办公室联网时经常使用，应该没什么难度，就立刻来到了财务科维修网络。

打开小吴计算机桌面上的网络图标，确实找不到老郑的计算机，如图 4-31 所示。

小明用 ping 命令测试小吴的计算机和老郑计算机之间的网络是可以连通的，而且小吴的计算机和财务科其他计算机之间共享也是没有问题的。如果网络没有问题，那问题很可能就出在计算机的设置上。经检查，计算机的用户账户状态、本地组策略、高级共享等设置都正确，小明还用 netstat 命令查看了所有计算机的网络活动端口，与共享有关的 139、445 端口也是处于打开并监听的状态，如图 4-32 所示。

图 4-31　故障计算机网络界面

共享的条件都是具备的，为什么浏览不到老郑的计算机呢？小明尝试在小吴计算机的网络窗口用"\\计算机名"的方法连接老郑的计算机，发现可以顺利连接，这说明共享功能正常，只是在网络窗口中无法浏览到老郑的计算机。小明想不出问题所在，就到互联网上搜索这个问题。原来是老郑的计算机操作系统中的 Function Discovery Resource Publication 服务没有启动，导致在网络中浏览不到老郑的计算机。因为老郑的计算机前两天运行慢，就从网上下载系统镜像重新克隆了，这个系统把 Function Discovery Resource Publication 服务优化掉了，导致虽然网络发现选项是打开状态但仍然无法在网络上被浏览到。启动该服务后，在小吴和老郑的计算机网络窗口中出现了老郑的计算机，如图 4-33 所示。

图 4-32　使用 netstat 命令查看界面

图 4-33　恢复正常的计算机屏幕截图

小明通过这次问题的分析，意识到互联网功能的强大，在互联网中可以学到的知识太多了，于是从网上收集资料，总结出了网络共享故障的诊断要点，如表 4-4 所示。

表 4-4 网络共享故障的诊断要点

故障现象	诊断要点
Windows 系统出现网络窗口找不到自己或他人的计算机、共享的文件无法访问、访问共享文件提示没有权限或要求输入用户名和密码等	在网络和共享中心窗口将当前的网络连接位置设置为专用网络
	在高级共享设置中开启网络发现与文件和打印机共享，并关闭密码保护共享
	开启计算机的 Guest 账户
	在本地组策略中将本地账户的共享和安全模型设置为"仅来宾"
	用户权限指派中允许 Guest 用户从网络访问的权限，即在允许从网络访问中添加 Guest 账户，在拒绝从网络访问中删除 Guest 账户
	检查计算机防火墙设置，保证网络发现与文件和打印机共享通过
	使用 netstat 命令查看计算机的 137、138、139、445 端口是否处于开启状态
	检查 DNS Client、Function Discovery Resource Publication、SSDP Discovery、UPnP Device Host、Computer Browser、Server、TCP/IP NetBIOS Helper 等网络共享所需的服务是否启动

4. 排除因病毒引起的连接互联网不正常的网络故障

某一天，单位好几名同事都说他们的计算机上网时通时断，而且网速非常慢。小明赶紧检查网络，发现公司内的文件共享和服务器访问都没有问题，局域网的使用也正常。但有一部分用户却存在打开网页、登录 QQ 等网络软件时通时断、速度很慢的情况，而且出现问题的用户数量在逐渐增加。

小明按照平时处理故障和在网络中学习到的经验，开始分析网络故障的原因。他首先想到的是排除这些用户计算机软件的故障，于是在一台出现问题的计算机上安装了另一款不同内核的浏览器，结果仍然没有改善。他又用 ipcofig 命令检查了故障计算机的 IP 地址设置，用 ping 命令检查了本地计算机到网关的连通性，都没有发现问题。

随后，他又用 ipconfig/all 命令查看故障计算机的 DNS 设置，如图 4-34 所示，没有发现问题。

图 4-34　查看故障计算机的 DNS 设置

他将故障计算机在本地连接属性的 TCP/IP 设置为指定的 DNS，并填写上网络提供商所提供的 DNS 服务器地址，如图 4-35 所示，也没有发现问题。

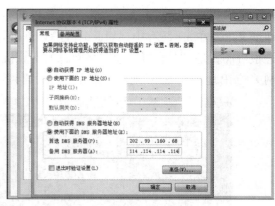

图 4-35　设置故障计算机的 TCP/IP

小明又去检查了公司的出口路由器，发现路由器工作正常而且 ping 互联网地址畅通，他和网络提供商的技术人员通了电话，也证实接入的网络状态是正常的。

他想到了 tracert 命令可以检查本地节点到目标地址的网络路径，于是在故障计算机上使用 tracert 命令检查到一个互联网地址的数据传输路径，发现出现了如图 4-36 所示的情况。

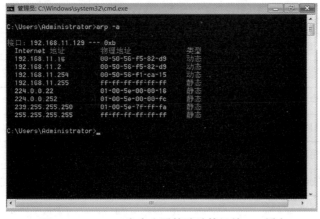

图 4-36　tracert 命令检查故障计算机

小明发现发送到互联网的数据在传输时，第一跳没有发送给出口网关 192.168.11.2，而是发送给了局域网内的另外一个 IP 地址 192.168.11.16，他又想起最近在网上看到的文章中提到了病毒或木马在网络中发动的 ARP 欺骗，与这次故障的情况十分吻合，于是他使用 arp -a 命令查看故障计算机的 arp 缓存，发现有一个 IP 地址对应的 MAC 地址与网关的 MAC 地址是相同的，如图 4-37 所示。

图 4-37　arp-a 命令查看故障计算机的 arp 缓存

随后，又用 arp-d 命令清除了计算机的 arp 缓存，过一会再查看，192.168.11.16 这个 IP 地址又出现在 arp 缓存中，而此时故障计算机并没有与上述的 IP 地址连接，这说明这个 IP 地址很可能就是存在病毒引起网络问题的计算机。小明在出现故障的计算机上用 arp -s 命令将网关的 IP 地址和 MAC 地址绑定在一起，再测试互联网连接，发现正常了，如图 4-38 所示。

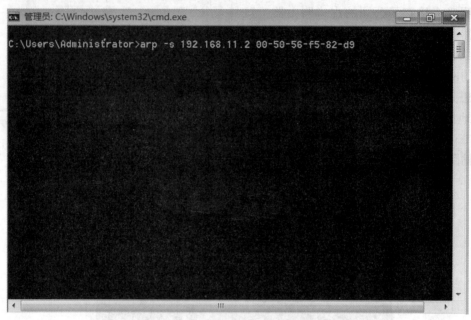

图 4-38 arp-s 命令检查故障计算机

他又在出现故障的计算机和那台中了病毒的计算机上都安装了最新的杀毒软件和个人防火墙软件并彻底地查杀了病毒，公司的网络连接终于正常了。

通过这次故障的诊断排除过程，小明厘清了连接互联网不正常故障的诊断要点，如表 4-5 所示。

表 4-5 连接互联网故障的诊断要点

故障现象	诊断要点
Windows 系统局域网连接正常，但是无法打开网页上网	检查本地节点的浏览器或网络应用软件工作是否正常，可使用同功能的软件替换当前软件来排除
	检查本地节点的 IP 地址设置是否正确
	检查本地节点到网关的网络连接是否畅通
	检查本地节点的 DNS 服务器地址设置是否正确
	检查局域网出口路由器的硬件及设置是否正确
	ADSL 用户检查光纤 Modem 硬件及设置是否正常
	使用 tracert 查看到外部连接的网络路径是否正确
	安装杀毒软件、防火墙软件，防止计算机病毒和木马对网络连接的干扰

4.1.4 拓展知识

1. Windows 7 系统局域网共享所需的服务

在 Windows 7 操作系统中，局域网共享除了第 2 单元所介绍的设置以外，还需要在系统中开启以下的相关服务后才能保证共享正常。

（1）UPnP Device Host：允许 UPnP 设备宿主在此计算机上。如果停止此服务，则所有宿主的 UPnP 设备都将停止工作，并且不能添加其他宿主设备。如果禁用此服务，则任何依赖于它的服务将都无法启动。

（2）TCP/IP NetBIOS Helper：提供 TCP/IP（NetBT）服务上的 NetBIOS 和网络上客户端的 NetBIOS 名称解析的支持，从而使用户能够共享文件、打印和登录到网络。如果此服务被停用，这些功能可能不可用。如果此服务被禁用，任何依赖它的服务将无法启动。

（3）SSDP Discovery：当发现了使用 SSDP 协议的网络设备和服务，如 UPnP 设备，同时还报告了运行在本地计算机上使用的 SSDP 设备和服务。如果停止此服务，基于 SSDP 的设备将不会被发现。如果禁用此服务，任何依赖此服务的服务都无法正常启动。

（4）Server（最核心的一个）：支持此计算机通过网络的文件、打印和命名管道共享。如果服务停止，这些功能不可用。如果服务被禁用，任何直接依赖于此服务的服务将无法启动。

（5）Function Discovery Resource Publication：发布该计算机以及连接到该计算机的资源，以便能够在网络上发现这些资源。如果该服务被停止，将不再发布网络资源，网络上的其他计算机将无法发现这些资源。

（6）DNS Client：DNS 客户端服务缓存域名系统（DNS）名称并注册该计算机的完整计算机名称。如果该服务被停止，将继续解析 DNS 名称。然而，将不缓存 DNS 名称的查询结果，且不注册计算机名称。如果该服务被禁用，则任何依赖于它的服务都将无法启动。

（7）Computer Browser：维护网络上计算机的更新列表，并将列表提供给计算机指定浏览。如果服务停止，列表不会被更新或维护。如果服务被禁用，任何直接依赖于此服务的服务将无法启动。

【注意】
现在电子市场中装机所用的 Ghost Windows 7 系统有很多是经过了系统运行速度优化的，优化项目中包括停用一些个人用户不经常使用的系统服务，因此在使用此类系统时，须检查用户所需的系统服务是否启用。另外，一些系统优化软件在进行系统优化时，也会关闭一些不是很常用的系统服务，如果装有此类软件须查看软件中的优化记录，排除误关闭所需的系统服务。

2. ARP 协议

ARP 协议（Address Resolution Protocol）即地址解析协议，是根据 IP 地址获取物理地址的一个 TCP/IP 协议。因为在网络结构的二层进行数据传输时无法使用 IP 地址，只能依靠主机网络接口的 MAC 地址来确定数据的传输方向和路径，因此在二层数据传输时需要在数据中标识源 MAC 地址和目的 MAC 地址（就像寄信人地址和收信人地址一样），并与数据的源 IP 地址和目的 IP 地址相对应。为此主机在发送信息前会将包含目标 IP 地址的 ARP 请求广播到网络上的所有主机，对应 IP 地址的主机会返回自己接口的 MAC 地址，发送主机以此确定目标 IP 地址对应的 MAC 地址；收到返回消息后发送主机将该 IP 地址和对应的 MAC 地址存入本机的 ARP 缓存中并保留一定时间，下次请求时直接查询 ARP 缓存以节约资源。

地址解析协议应用于局域网中，认为网络中各个主机是互相信任的，网络上的任何主机都可以发送 ARP 应答消息，其他主机在收到应答报文后就将其记入本机 ARP 缓存，并不检测该报文的真实性。因此这个协议就成为一些病毒或木马的攻击途径，攻击者可以向某一主机发送伪装的 ARP 应答报文，使对方发送的信息无法到达预期的主机或到达错误的主机，这就构成了一个 ARP 欺骗，攻击者常常以此来窃取用户在网络上传输的个人信息。

‖‖‖‖‖‖‖‖‖‖‖‖‖‖‖‖‖‖‖‖ **思考与实训** ‖‖‖‖‖‖‖‖‖‖‖‖‖‖‖‖‖‖‖‖

练习与思考

选择题

1. 网络故障可以分为（　　）和（　　）两类。

A. 物理网络故障　　B. 用户网络故障　　C. 逻辑网络故障　　D. 损耗网络故障

2. 询问网络使用人员网络出现不正常的现象属于网络故障"四诊法"中的（　　）。

A. 望　　B. 闻　　C. 问　　D. 切

3. 一般网络故障的诊断思路是（　　）、先软后硬。

A. 先难后易　　B. 先易后难　　C. 先快后慢　　D. 先慢后快

4. 用户无法连接互联网，不可能的故障是（　　）。

A. 网线不通　　　　　　　　　B.DNS 设置不正确

C.ADSL Modem 故障　　　　　D. 环境噪声太大

5. 为了方便在局域网中共享资源，一般要启用系统中的（　　）账户。

A.administrator　　B.user　　C.guest　　D.everyone

6.ping 命令通过传送（　　）报文，来检测网络节点之间是否连通及网络的连接速度。

A.DHCP　　B.TCP　　C.ICMP　　D.HTTP

7. 如果想一直不断地 ping 一个目标 IP 地址，应该使用 ping 命令的（　　）参数。

A.–a　　B.–l　　C.–n　　D.–t

8. 如果想查看 TCP/IP 的详细配置情况，应该使用（　　）命令。

A.ping –t　　B.ipconfig / all　　C.netstat –a　　D.tracert

9.arp –d 命令可以（　　）本地主机上的 ARP 缓存。

A. 显示　　B. 删除　　C. 添加　　D. 刷新

10. 网络连接图标出现红色的叉号，说明主机出现物理连接故障，以下不可能的原因是（　　）。

A. 网线折断　　　　　　　　　B. 计算机性能太低

C. 网卡接口触点生锈　　　　　D. 网线接头制作不良

技能实训

1. 掌握常用网络诊断命令

【实训目的】

练习常用网络诊断命令的使用。

【实训内容】

（1）将实训室计算机分为若干组，每组以不少于 4 台为宜。将 4 台计算机通过三层交换机分为两个 VLAN，每个 VLAN 两台计算机。

（2）教师设置交换机将两个 VLAN 通过路由连接起来。学生在每台计算机上设置 IP 地址，并使用 ipconfig 命令查看计算机的 IP 设置。

（3）使用 ping 命令检查网络连通情况。注意，如果拔掉相同 VLAN 计算机的网线，ping 命令会出现什么回显；如果拔掉不同 VLAN 计算机的网线，ping 命令会出现什么回显。如果 ping 一个不存在的 IP 地址会出现什么回显。

（4）用 netstat 命令来查看计算机开放的端口，并记录。课后查阅各端口的用途。

（5）用 tracert 命令来查看不同 VLAN 之间计算机的传输路径，并结合路由知识理解 VLAN 间路由。

（6）用 arp 命令查看本地 arp 缓存，尝试使用 -s 参数绑定 IP 地址与 MAC 地址。

2. 掌握常见网络故障的诊断

【实训目的】

（1）练习诊断常见网络故障。

（2）掌握常见网络故障的排除方法。

【实训内容】

（1）教师在实训室几台计算机上分别设置常见的网络故障。

（2）学生分组进行观察，并可以用网线测试仪和网络诊断命令来检查计算机和网络。

（3）学生小组内进行讨论，分析故障可能出现的原因。

（4）学生小组代表发表意见，小组互评，教师点评。

（5）按照最终意见排除故障。

任务2　设置操作系统自带防火墙

4.2.1　任务描述

为了避免用户的计算机受到来自网络不良应用的威胁，同时又能保证用户正常地使用网络，可以在用户连接网络的出入口安装一扇"大门"，对有害的数据进行隔离，对有用的数据放行，这就是人们所说的防火墙软件。在 Windows 操作系统中，集成有防火墙软件，本任务将学习 Windows 操作系统防火墙软件的使用设置方法和应用实例。

4.2.2　知识背景

1. 认识网络防火墙

在网络中，人们都希望能够自由地进行网络数据的传输，但是随着用户数量的增加，往往也会有一些别有用心的用户为实现其特殊目的向网络中传输对用户有害的数据（如病毒、木马等），这样人们理想状态下的"夜不闭户"的网络环境就变得极不安全，此时就要考虑在网络中布置一些"关卡",来核查、筛选数据并允许或拒绝其通过,这就是人们所说的网络防火墙。

网络防火墙。防火墙(Firewall)也称防护墙,是由 Check Point 创立者 Gil Shwed 于 1993 年发明并引入国际互联网(US5606668(A)1993-12-15)的。它是一种位于内部网络与外部网络之间的网络安全系统,是一项信息安全的防护系统,依照特定的规则,允许或限制传输的数据通过,如图 4-39 所示。

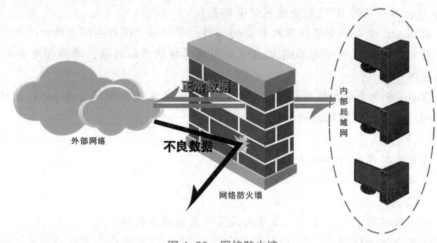

图 4-39 网络防火墙

网络防火墙其实就是一道连接外部网络和内部网络的大门,所有内外网络之间的数据传输都要经过防火墙来传输。在防火墙中可以设置一套规则,用来对经过的网络数据进行检视,区分数据的性质,决定该数据是通过防火墙还是拒绝其传输。

防火墙的主要作用如下。

(1)防火墙可以防止网络上的危险(病毒、资源盗用)传播到网络内部。

(2)能有效记录内外网络传输的活动。

(3)可防止敏感用户节点暴露于外部网络之中。

(4)防止内部数据外泄。

内部网络和外部网络的区别,理论上是把用户本身所在的局域网称为内部网络,把此局域网网关之外连接的网络称为外部网络。但是一般不容易严格界定,通常把用户节点所在的单位、公司、学校等的局域网络归为内部网络,将此范围之外的上级电信运营商网络及互联网称为外部网络。

2. Windows 系统内置防火墙软件

微软公司的 Windows 操作系统从 Windows XP SP 2 开始,作为一项预装服务内置了网络防火墙软件。在默认情况下,Windows 防火墙是启用状态,以便保护用户的所有网络连接。

在安装了 Windows 7 操作系统的计算机中,在控制面板中就可以找到 Windows 防火墙的相关设置。Windows 防火墙提供针对家庭或工作网络(专用网络)和公共网络两套不同的防护规则,这两套规则可以独立进行配置、互不干扰。用户可以根据自己目前所处的网络环境来选择使用专用网络规则或公用网络规则，切换非常方便。

　　Windows 7 的防火墙还支持高级设置，对于那些对网络传输有相关知识和更高安全要求的高级用户，可以使用 Windows 防火墙的高级设置对防护规则进行详细设置，以满足更细致全面的网络防护要求。

4.2.3　动手实践

1. 认识 Windows 防火墙

　　在 Windows 7 系统中，打开控制面板，选择"系统和安全"选项，在打开的窗口中选择"Windows 防火墙"选项，即可打开 Windows 防火墙的一般配置窗口，如图 4-40~图 4-42 所示。

图 4-40　Windows 7 控制面板中的"系统和安全"选项

图 4-41　选择"Windows 防火墙"选项

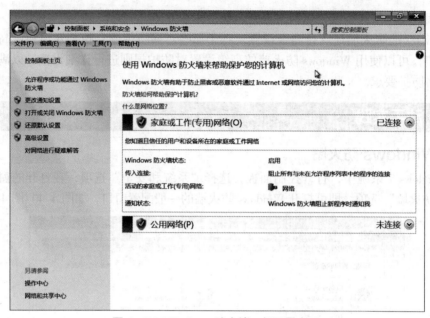

图 4-42　Windows 防火墙一般配置窗口

在左侧的快速导航栏中，可以选择常用的防火墙功能，包括允许程序或功能通过 Windows 防火墙、更改通知设置、打开或关闭 Windows 防火墙、还原默认设置和高级设置。下面对 Windows 防火墙的使用做详细的介绍。

2. Windows 防火墙的常规使用

在防火墙一般配置窗口左侧的导航栏中，选择"更改通知设置"或"打开或关闭 Windows 防火墙"选项，都会打开相同的配置界面——自定义每种类型的网络设置窗口，如图 4-43 和图 4-44 所示。

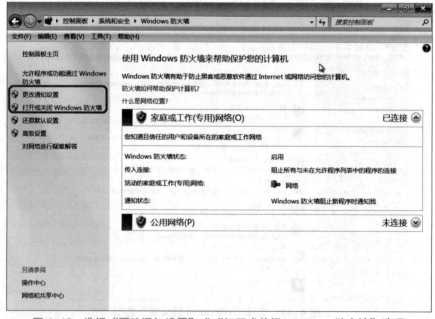

图 4-43　选择"更改通知设置"或"打开或关闭 Windows 防火墙"选项

图 4-44　自定义每种类型的网络设置窗口

在图 4-44 中，可以看到有"家庭或工作（专用）网络位置设置"和"公用网络位置设置"两栏，分别针对在网络连接中用户选择的两类不同的网络位置。每一栏中的"启用Windows 防火墙"和"关闭 Windows 防火墙"单选按钮即是此类规则的开关，控制此类规则在对应的网络连接位置上是否生效。默认两类规则都是启用状态，也是推荐的状态。如果网络传输中出现某些程序无法连接的情况，可以尝试关闭防火墙，并查看是否能够正常连接，来确定是否因为防火墙的阻止程序造成的。

在每一栏"启用 Windows 防火墙"单选按钮下还有"阻止所有传入连接，包括位于允许程序列表中的程序"和"Windows 防火墙阻止新程序时通知我"两个复选框。第一个复选框会影响允许程序列表中程序的正常使用，默认情况下，该复选框是取消选中的；第二个复选框在默认情况下是选中的，该复选框用于控制防火墙阻止新程序连接网络并提示，如图 4-45所示。

图 4-45　防火墙阻止应用程序连接网络的提示

用户一旦单击"允许访问"按钮，并在选择了相应网络连接位置的复选框，防火墙就添加了相应网络位置允许通过的规则；如单击"取消"按钮，则此网络连接请求被取消，当下次再有网络连接的请求时，防火墙仍会弹出该提示。

一些常见的有网络连接需求的软件，如 QQ、360 的各类软件等，在其安装时，安装程序就在防火墙上自动添加了相应的允许通过的规则条目，所以这类软件在第一次运行时，Windows 防火墙并不会弹出提示。

在 Windows 防火墙的一般设置窗口左侧的导航栏中选择"还原默认设置"选项，出现如图 4-46 所示的提示。

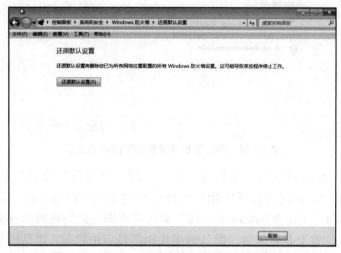

图 4-46　Windows 防火墙还原默认设置的提示

这时单击"还原默认设置"按钮将会删除所有用户自定义的规则条目，直到还原为系统默认的状态，该选项适用于用户设置防火墙规则有误、无法正常连接网络，且又忘记如何修改的情况下。

3. 联网程序通过防火墙的规则设置

在 Windows 防火墙的一般设置窗口中选择"允许程序和功能通过 Windows 防火墙"选项，打开"允许的程序"窗口，如图 4-47 所示。

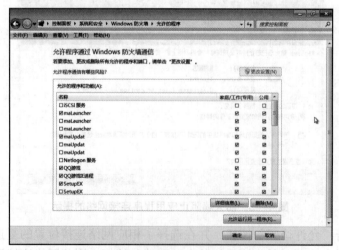

图 4-47　"允许的程序"窗口

窗口右上角的"更改设置"按钮是为当前登录操作系统的非管理员身份的用户准备的，单击此按钮方可对允许程序通过的规则进行修改，如果当前用户具有管理员身份，则此按钮为灰色不可用。

在中间的列表区域，可以看到有很多程序和进程的名称，如果想对某个程序的设置进行修改，选中和取消"名称"一列的复选框即可。程序名称前的复选框代表这个程序是否被允许通过防火墙连接网络，选中为允许，取消选中为禁止；名称后的"家庭 / 工作（专用）"和"公用"两列的复选框是用来选择程序可以使用哪个连接位置进行网络连接的，例如，如果选中"家庭 / 工作（专用）"复选框，那么这个程序就只能在家庭或工作网络下连接网络，在公用网络下则不能连接网络。

在列表区域选中一个程序复选框后，其下面的两个按钮变为可用状态，单击"详细信息"按钮，可以查看此程序的名称、可执行文件路径等信息，如图 4-48 所示。

图 4-48　程序详细信息窗口

单击"删除"按钮可以将此程序的防火墙允许规则条目删除。

如果在列表区域找不到想要的程序，可以单击其下面的"允许运行另一程序"按钮，弹出"添加程序"对话框，在"程序"列表框中找到想要添加的程序，单击"添加"按钮。如果在此列表区域仍找不到想要的程序，可单击"浏览"按钮，在硬盘中找到程序的可执行文件，添加即可，如图 4-49 所示。

图 4-49　"添加程序"对话框

所有的设置完成后，单击"确定"按钮，关闭"允许程序通过 Windows 防火墙通信"窗口，所做的修改即可生效。

4. Windows 防火墙的高级设置

Windows防
火墙的高级
设置

在 Windows 防火墙的一般设置窗口左侧的导航栏中选择"高级设置"选项，可以打开"高级安全 Windows 防火墙"窗口，如图 4-50 所示。

图 4-50 "高级安全 Windows 防火墙"窗口

在该窗口中能够实现 Windows 防火墙的所有功能，可以在这里对计算机的网络连接进行细致、有针对性的设置。

在"高级安全 Windows 防火墙"窗口中，左侧是功能导航栏，中间是任务窗格，在左侧选择不同的功能，中间的任务窗格会显示不同内容。右侧是操作工具栏，列出了当前功能导航所选择功能的一些常用操作。

当左侧功能导航选择根节点——"本地计算机上的高级安全 Windows 防火墙"时，中间的任务窗格显示本地计算机 Windows 防火墙的概述，包括各配置文件的状态和一些使用介绍。右侧的操作工具栏中有"导出策略"和"导入策略"选项，可将当前防火墙的设置保存，或者读取已保存的防火墙设置文件。

左侧的功能导航栏中还有"入站规则"和"出站规则"两个选项：入站规则对传入计算机的数据生效，出站规则对计算机发出的数据生效。可以看到，在一般设置中允许通过防火墙的程序设置会在入站和出站规则中添加若干规则条目；除此之外，在出站和入站规则中还有很多系统服务的内置规则。每条规则都有很多的参数，只需要了解以下常用的几个即可。

（1）配置文件：指此条规则作用于哪一种网络连接位置，包括所有、域、专用、公用 4 种状态。

（2）已启用：指此条规则是不是生效，包括是、否两种状态，同时条目前面的图标会以彩色和灰色来区别。

（3）操作：指如何对符合此条规则过滤条件的数据包进行操作，包括允许、阻止两种操作，同时条目前面的图标也会以绿色的对号和红色的禁行标志来区别。

如图 4-51 所示，在前面安装的 QQ 软件因为没有选择允许其通过防火墙，所以在入站规则中处于阻止的状态，而且当时选择的是专用网络，所以它的配置文件是专用。那为什么在入站规则中有两条关于 QQ 的规则呢？因为这两条规则是针对 TCP 和 UDP 两种不同网络的协议。

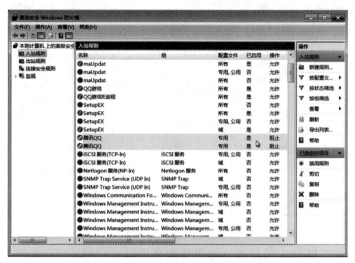

图 4-51　程序的防火墙条目

如果想要 QQ 软件能够正常的通信，就要在防火墙中修改相关条目的设置。在腾讯 QQ 的条目上双击或右击，在弹出的快捷菜单中选择"属性"选项，即可打开"腾讯 QQ 属性"对话框，如图 4-52 所示。

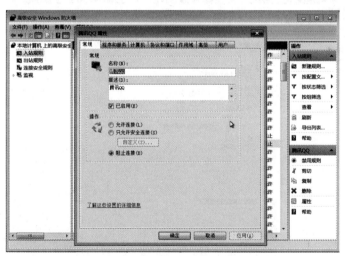

图 4-52　"腾讯 QQ 属性"对话框

在"常规"选项卡中将"操作"栏中选中"允许连接"单选按钮，QQ 即可连接到网络。

【注意】

不建议选择"只允许安全连接"单选按钮，那样就会只允许特定加密的数据传输，一般软件未经过 Windows 安全认证的网络数据是不能传输的。

然后在"高级"选项卡中，将"配置文件"栏中的"公用"复选框选中，这样 QQ 就可以在专用和公用网络连接时都正常使用了，如图 4-53 所示。

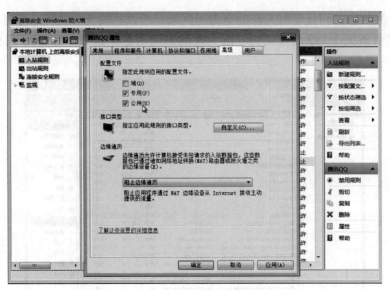

图 4-53 "高级"选项卡

最后单击"确定"按钮完成修改，如果规则条目没有启用，可以在条目上右击，在弹出的快捷菜单中选择"启用规则"选项即可。

如果在规则条目中没有想要的内容，可以在右侧的操作工具栏中选择"新建规则"选项，打开"新建入站规则向导"对话框，如图 4-54 所示。

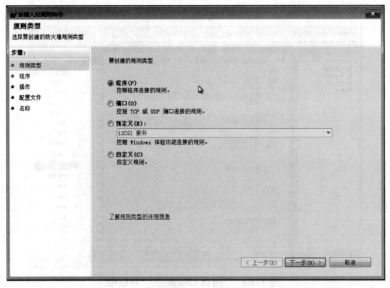

图 4-54 "新建入站规则向导"对话框

在该对话框中可新建 4 种不同的规则类型，分别是控制程序连接规则、控制端口连接规则、预定义功能连接规则和自定义规则。控制程序规则与允许程序通过防火墙的设置类似，预定义和自定义规则不常用。下面以控制端口连接规则为例来介绍新建规则的过程。如果想要通过本地计算机上的 TCP 8080 端口来架设一个实验性的网站，那么在新建入站规则向导中要选中"端口"单选按钮，单击"下一步"按钮，在打开的"协议和端口"对话框中选中"TCP"单选按钮，输入特定的端口 8080，如图 4-55 所示。

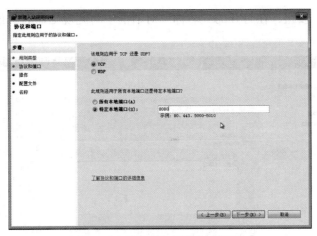

图 4-55　"协议和端口"对话框

单击"下一步"按钮，在打开的"操作"对话框中选中"允许连接"单选按钮，如图 4-56 所示。

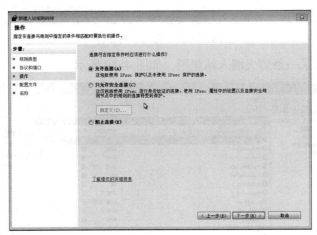

图 4-56　"操作"对话框

单击"下一步"按钮，打开"配置文件"对话框，为了安全考虑，取消选中"公用"复选框，如图 4-57 所示。

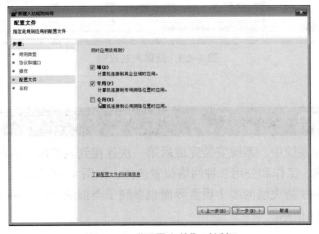

图 4-57　"配置文件"对话框

单击"下一步"按钮，在打开的"名称"对话框中为此规则命名。最后单击"完成"按钮。如图 4-58 所示。

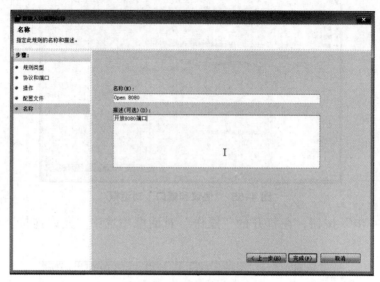

图 4-58 "名称"对话框

这样就成功添加了一条防火墙入站规则，如图 4-59 所示。

图 4-59 新建入站规则

4.2.4 拓展知识

在 Windows 操作系统中，系统安装完成后第一次连接到网络时，系统会要求用户设置网络位置，一般有家庭、工作和公用 3 种网络位置选择，如图 4-60 所示。

在本任务 Windows 防火墙的多个设置界面也看到了类似的分类，不过这一次它们被称为配置文件，如图 4-61 所示。

图 4-60　网络位置设置

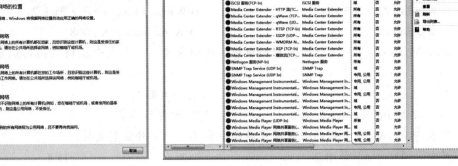

图 4-61　防火墙配置文件

网络位置和防火墙的配置文件实际上都是指 Windows 防火墙所提供的方便用户的功能，即用户可以根据自己所处的网络环境来制订不同的防火墙规则。这对于经常切换不同网络和使用移动终端的用户来说，无疑是一个非常方便实用的功能。在 Windows 防火墙中可以设置域、专用、公用 3 种各自独立的规则群集，专用的防火墙配置文件在网络连接设置为家庭或工作网络时生效，公用的防火墙配置文件在网络连接设置为公用网络时生效，而域防火墙配置文件比较特殊，在计算机登录到域时才会生效。这样就可以为不同的网络环境设置不同的安全级别，使用户在顺利连接网络的同时又能最大限度地保证安全。例如，可以把工作时使用的计算机的网络连接位置设置为工作网络，对应专用防火墙配置文件，还可以在规则中设置计算机允许应答其他计算机的 ping 命令，可以打开 135、137、138、139、445 端口以便共享文件资料等。当计算机连接到工作单位以外的网络时，如机场、餐厅的公共网络，可以把计算机的网络位置设置为公用，在防火墙的公用配置文件中阻止上述功能的数据包，这样就不必担心来自陌生计算机的连接了。

思考与实训

练习与思考

选择题

1. 以下单词（　　　）是防火墙的英文名称。

A. Greatwall　　　　　　B. Fireball　　　　　　　C. Firewall　　　　　　　　D. Firebird

2. 准确地说，网络防火墙是位于（　　　）之间的网络安全系统。

A. 内部网络和外部网络　　　　　　　　　B. 计算机和计算机

C. 网站和网站　　　　　　　　　　　　　D. 子网和子网

3. 网络防火墙的主要作用不包括（　　　）。

A. 防火墙可以防止网络上的危险（病毒、资源盗用）传播到网络内部

B. 能有效记录内外网络传输的活动

C. 可防止敏感用户节点暴露于网络之中

D. 防止火灾的蔓延

4. 理论上来说用户自身所在的网络是（　　　　）。

A. 外部网络　　　　　B. 内部网络　　　　　C. 中间网络　　　　　D. 安全网络

5. 从（　　　　）开始，微软公司开始将防火墙预装到操作系统中。

A.WindowsServer 2000　　　　　　　　　B.Windows XP Service Pack 2

C.Windows 7　　　　　　　　　　　　　D.WindowsServer 2008

6. 在 Windows 7 系统中的控制面板中，可以在（　　　　）类中找到 Windows 防火墙的选项。

A. 系统和安全　　　　　　　　　　　　B. 用户账户

C. 网络和 Internet　　　　　　　　　　D. 硬件和声音

7. 在 Windows 防火墙的一般设置界面中有（　　　　）种配置文件。

A.1　　　　　　　　B.2　　　　　　　　C.3　　　　　　　　D.4

8. 如果想对传入到计算机的数据进行过滤，应在 Windows 高级安全防火墙的（　　　　）中设置规则。

A. 外部规则　　　　　B. 内部规则　　　　　C. 出站规则　　　　　D. 入站规则

9. 在高级安全 Windows 防火墙中可以新建（　　　　）种类型的规则。

A.1　　　　　　　　B.2　　　　　　　　C.3　　　　　　　　D.4

10. 在网络和共享中心中，可设置的网络位置有（　　　　）种。

A.1　　　　　　　　B.2　　　　　　　　C.3　　　　　　　　D.4

技能实训

Windows 防火墙的使用和设置

【实训目的】

（1）熟悉 Windows 防火墙的使用。

（2）掌握 Windows 防火墙允许通过的程序和功能的使用。

（3）掌握高级安全 Windows 防火墙的使用。

【实训内容】

（1）试验 Windows 防火墙两种基本配置文件的使用，观察防火墙配置文件开关对当前网络连接的影响，同时观察切换网络连接位置会造成什么影响，又是如何与防火墙配置文件对应的，将观察结果记录下来。

（2）在 Windows 防火墙——允许程序和功能通过防火墙中，查看所有的规则项，并讨论、查阅，试分析每条规则对应的网络功能。

（3）试验将一些常用的网络通行规则（如网络发现、文件和打印机共享等）或一些常见的网络软件（如 QQ 等）关闭，观察造成的影响，然后再将其复原，检查之前的影响是否已经消除。

（4）新建一个网站并将服务端口设置为 8088，在高级安全 Windows 防火墙中尝试为此网站设置通行规则。讨论规则的创建位置、方式，并在虚拟机上进行试验。最后写出实验报告。

任务3　配置Windows远程桌面

4.3.1　任务描述

　　最近公司购置了一台服务器，用来管理公司的业务资料，领导让小明管理这台服务器。小明每天都要查看几次服务器的运行状态，可是他的办公室离服务器机房很远，这要浪费不少时间。小明一直想要在办公室看到服务器的运行状态，其实 Windows 系统自身就有这样的功能，那就是远程桌面。本任务将学习使用远程桌面连接到远程计算机的方法。

4.3.2　知识背景

1. 远程桌面

　　为了方便网络管理员管理维护服务器，微软公司在 Windows 操作系统中推出了远程桌面功能。远程桌面从 Windows 2000 Server 版本开始，可以作为附加功能安装到 Windows XP 及其之后的版本中，已经作为一个预装的组件存在于系统之中，用户可以通过简单的操作来打开或关闭这个功能。在服务器上开启远程桌面功能后，网络管理员在与之联网的任何一台 Windows 操作系统的计算机上使用远程桌面终端都可以连接到这台服务器，就像在机房操作该服务器一样。

2. 远程桌面的原理

　　微软公司将远程控制主机的功能开发出图形化界面，使用户在自己的 Windows 系统中，可以方便地远程操作另一台 Windows 系统的主机。实际上，Windows 是在客户机本地创建了一个远程主机的虚拟系统，只涉及输入输出和控制指令部分，就是人们所说的终端程序。远程主机将本地状态传送给终端程序，终端程序在本地重绘并显示，这样用户就能看到远程主机的桌面；终端程序记录用户的操作指令并将其传送给远程主机，远程主机执行指令，并返回结果到终端程序显示，这样用户就可以控制远程主机了，如图 4-62 所示。

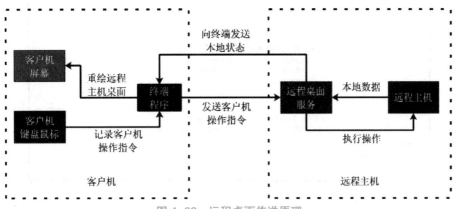

图 4-62　远程桌面传送原理

4.3.3　动手实践

1. 在服务器上开启远程桌面功能

　　下面在一台安装了 Windows Server 2008 操作系统的服务器上演示打开服务器的远程桌面

功能。

在"计算机"图标上右击，在弹出的快捷菜单中选择"属性"选项，如图4-63所示。

远程桌面
设置

图4-63 "计算机"快捷菜单

在打开的"系统"窗口左侧导航栏中选择"远程设置"选项，如图4-64所示。

图4-64 选择"远程设置"选项

在弹出的"系统属性"对话框"远程"选项卡中的"远程桌面"栏中，选中"只允许运行带网络级身份验证的远程桌面的计算机连接（更安全）"单选按钮，如图4-65所示。

如果是第一次开启远程桌面功能，此时会弹出"远程桌面"提示框，如图4-66所示，Windows Server 2008系统会自动为用户在防火墙中建立远程桌面的通行规则，单击"确定"按钮即可。

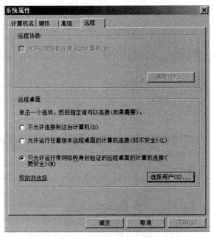

图 4-65　"系统属性"对话框

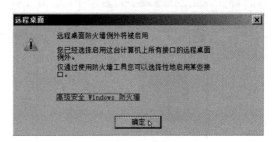

图 4-66　"远程桌面"提示框

2. 在服务器上创建远程桌面登录的专用用户

在 Windows Server 2008 系统中，一般不推荐使用管理员这样最高权限的用户登录，可以建立一个专用用户供远程用户登录服务器使用，这样可以更好地保护服务器的安全。

在"系统属性"对话框"远程"选项卡中的"远程桌面"栏中单击"选择用户"按钮，打开"远程桌面用户"对话框，如图 4-67 所示。

在该对话框中单击"用户账户"链接，打开"本地用户和组"的控制台窗口，如图 4-68 所示。

图 4-67　"远程桌面用户"对话框

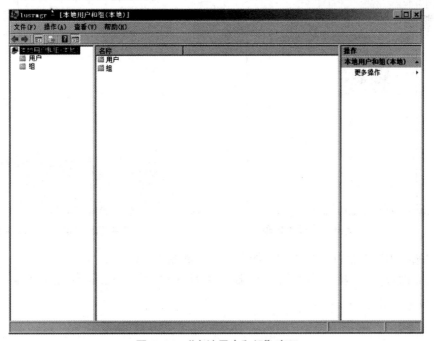

图 4-68　"本地用户和组"窗口

在左侧导航栏中选择"用户"节点，在窗口空白处右击，在弹出的快捷菜单中选择"新用户"选项，如图 4-69 所示。

在弹出的选择"新用户"对话框中创建新用户，然后单击"关闭"按钮关闭此对话框，如图 4-70 所示。

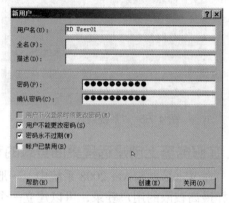

图 4-69　选择"新用户"选项　　　　　　　　　　图 4-70　"新用户"对话框

下面要为新创建的用户赋予远程桌面登录的权限，在"本地用户和组"中选择"用户"节点，在中间的任务窗口找到刚创建的用户，并在其上右击，在弹出的快捷菜单中选择"属性"选项，如图 4-71 所示。

打开用户属性对话框，切换到"隶属于"选项卡，单击"添加"按钮，如图 4-72 所示。

图 4-71　为新用户设置权限　　　　　　　　　　图 4-72　"隶属于"选项卡

打开"选择组"对话框，单击"高级"按钮，如图 4-73 所示。

单击"立即查找"按钮，在"搜索结果"列表框中选中"Remote Desktop Users"用户组，如图 4-74 所示。

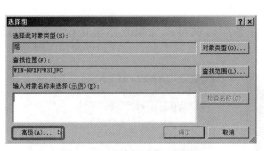

图 4-73　"选择组"对话框

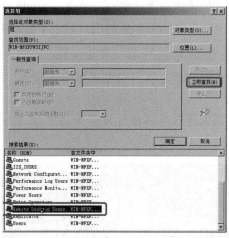

图 4-74　选中"Remote Desktop Users"用户组

然后依次单击"确定"按钮关闭"本地用户和组"窗口，返回"远程桌面用户"对话框。单击"添加"按钮，如图 4-75 所示。

在弹出的"选择用户"对话框中，单击"高级"按钮，如图 4-76 所示。

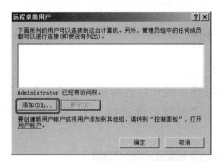

图 4-75　单击"添加"按钮

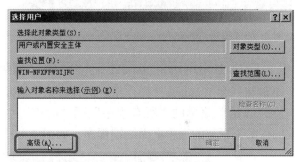

图 4-76　"选择用户"对话框

单击"立即查找"按钮，并在"搜索结果"列表框中选中新建的用户，单击"确定"按钮，如图 4-77 所示。

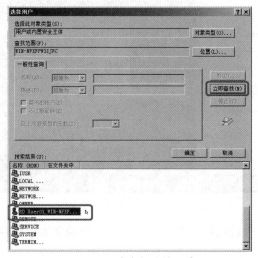

图 4-77　选中新建的用户

然后依次单击"确定"按钮,关闭所有窗口,返回桌面。

至此已经为新创建的用户赋予了远程桌面登录的权限。

3. 检查服务器的 IP 地址设置

在服务器上打开命令提示符,输入"ipconfig"命令,查看服务器的 IP 地址,如图 4-78 所示。

建议将服务器地址设置为固定 IP 地址,这样客户机就可以与服务器建立长久稳定的连接,如图 4-79 所示。

图 4-78 使用"ipconfig"命令查看服务器 IP 地址 　图 4-79 将服务器 IP 地址设置为固定地址

4. 在客户机上使用远程桌面终端程序登录服务器

下面在一台 Windows 7 操作系统的计算机上展示如何登录到开启远程桌面功能的服务器。

在"开始"菜单的"所有程序"的"附件"中选择"远程桌面连接"程序,此程序是 Windows 系统预装的远程桌面终端程序,如图 4-80 所示。

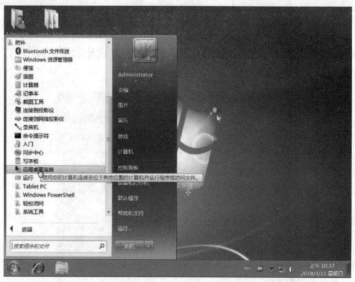

图 4-80 远程桌面连接程序

打开"远程桌面连接"对话框,在"计算机"后面的文本框中输入服务器的 IP 地址,如图 4-81 所示。

单击"连接"按钮，在弹出的"Windows 安全"对话框中，输入前面在服务器上创建的用户名和密码，如图 4-82 所示。

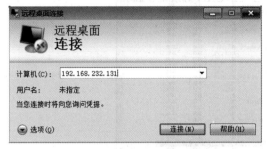

图 4-81　"远程桌面连接"对话框　　　　　　　　图 4-82　输入用户名和密码

单击"确定"按钮，终端程序开始连接远程服务器，如图 4-83 所示。

图 4-83　开始连接远程服务器

等待一段时间后，出现如图 4-84 所示的远程服务器桌面。

用户可以在这个桌面上操作服务器，不需要远程管理时，可以选择"开始"菜单中的"注销"选项来关闭远程桌面的连接，如图 4-85 所示。

图 4-84　远程服务器桌面　　　　　　　　　　图 4-85　注销本次远程桌面连接

4.3.4　拓展知识

微软公司在 Windows XP 操作系统之后的所有操作系统版本中都加入了远程桌面功能，其他版本的设置与本任务中介绍的 Windows Server 2008 中的设置类似。

远程桌面服务在不同版本的 Windows 系统中是不同的。在 Windows XP、Windows Server 2003 和 Windows Server 2008 中，远程桌面功能的系统支持服务称为 Terminal Services，如图 4-86 所示。

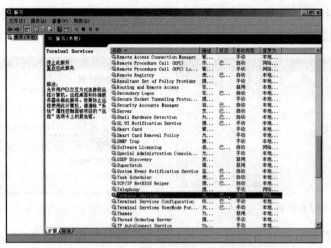

图 4-86 "Terminal Services"服务

而在 Windows 7 及以后的 Windows 操作系统中,远程桌面的系统支持服务称为 Remote Desktop Services,如图 4-87 所示。

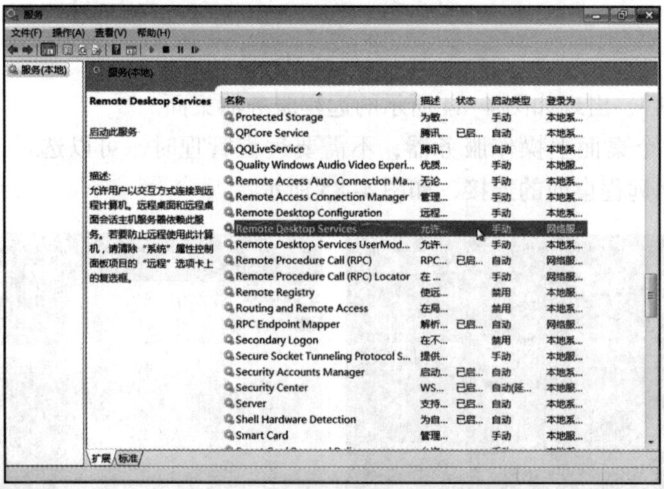

图 4-87 "Remote Desktop Services"服务

如果这个服务被停止或禁用,那么服务器也就不能提供远程桌面功能了。

在 Windows 操作系统中,远程桌面服务通过一个特定的端口:TCP 3389 端口,来与客户机进行连接,所以在 Windows 系统防火墙中,要添加允许此端口通过的规则。另外 TCP 3389 端口也是网络黑客进行扫描和攻击的一个常用端口,所以如果不使用远程桌面服务,要关闭通过该端口的规则。

默认有两类用户是可以用于远程桌面系统登录的,即 Administrators 组的用户和 Remote Desktop Users 组的用户,这个默认规则是在本地安全策略中设置的。可以通过在"开始"菜单中选择"运行"选项,在打开的"运行"对话框中输入"gpedit.msc"命令,打开"本地组策略编辑器"窗口,在左侧的导航栏中选择"计算机配置"→"Windows 设置"→"安全设置"→"本地策略"→"用户权限分配"选项,在右侧的列表框中找到关于远程桌面登录权限的用户设置。在 Windows Server 2008 中为"通过终端服务拒绝登录"和"通过终端服务允许登录",如图 4-88 所示。

图 4-88　Windows Server 2008 的远程桌面用户权限策略

在 Windows 7 中为"拒绝通过远程桌面服务登录"和"允许通过远程桌面服务登录",如图 4-89 所示。

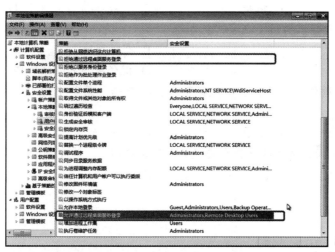

图 4-89　Windows 7 的远程桌面用户权限策略

不论是哪种操作系统,在"允许登录"的条目中加入想要允许登录的用户或用户组,在"拒绝登录"的条目中加入不想让其通过远程桌面登录到系统的用户或用户组,就能够控制本地账户中用户远程桌面登录的权限了。

‖‖‖‖‖‖‖‖‖‖‖‖‖‖‖‖‖‖‖‖ 思考与实训 ‖‖‖‖‖‖‖‖‖‖‖‖‖‖‖‖‖‖‖‖

练习与思考

选择题

1. 到（　　）及其之后的版本,远程桌面功能已经作为一个预装的组件存在于系统之中。

A.Windows Server 2008

B.Windows 2000 Server

C.Windows XP

D.Windows 7

2.Windows 远程桌面终端程序实际上就是在本地创建了一个远程服务器的（　　　），负责输入输出和控制指令的传输。

   A. 分支进程　　　　　　B. 实例　　　　　　　　C. 克隆系统　　　　　　D. 虚拟系统

3. 在开启远程桌面的服务器上最好使用（　　）IP 地址。

   A. 私有的　　　　　　　B. 公网的　　　　　　　C. 固定的　　　　　　　D. 动态获取的

4. 远程桌面的打开关闭操作是在（　　）窗口中进行的。

   A. 系统属性　　　　　　B. 管理工具　　　　　　C. 安全维护　　　　　　D. 网络和共享中心

5. 默认情况下，管理员组的用户是（　　）登录到服务器的远程桌面的。

   A. 不可以　　　　　　　B. 可以　　　　　　　　C. 有时可以　　　　　　D. 不确定能不能

6. 新建的用户要想登录远程桌面，最好将其加入（　　）用户组。

   A.Administrators　　　　　　　　　　　　　B.Users

   C.Remote Desktop Users　　　　　　　　　D.Guests

7. 在 Windows 操作系统的"开始"→"所有程序"→"（　　　）"中可以找到远程桌面连接程序。

   A. 启动　　　　　　　　B. 维护　　　　　　　　C. 游戏　　　　　　　　D. 附件

8. 远程桌面连接成功后，在客户机本地（　　　）操作远程的服务器。

   A. 无法　　　　　　　　　　　　　　　　　　B. 有限制地

   C. 完全地　　　　　　　　　　　　　　　　　D. 视登录用户不同权限不同

9. 远程桌面操作结束后，应该选择服务器"开始"菜单中的（　　　）选项来结束此次远程桌面连接。

   A. 关机　　　　　　　　B. 重启　　　　　　　　C. 休眠　　　　　　　　D. 注销

10. Windows 操作系统的远程桌面服务默认是使用（　　　）端口。

   A.TCP 135　　　　　　B.TCP 3389　　　　　　C.TCP 80　　　　　　　D.TCP 8080

技能实训

远程桌面的使用

【实训目的】

（1）熟悉远程桌面的开启方法。

（2）熟悉连接远程桌面的方法。

（3）了解不同版本 Windows 操作系统远程桌面的打开方法。

【实训内容】

（1）在安装了 Windows Server 2008 的计算机上设置固定 IP 地址，并检查该计算机与小组其他成员计算机的连接情况，确保能互相通信。

（2）按照前面所学的方法开启远程桌面功能，并为小组的每位成员创建远程桌面登录账号。

（3）在小组成员的计算机上使用刚才创建的用户账户登录到远程桌面服务器，并相互检查连接情况，观察任意一个用户对服务器进行操作时对其他已登录用户的影响，试整理归纳哪种操作不会影响其他用户，哪种操作会影响其他用户。

（4）更换其他版本的 Windows 操作系统，如 Windows 7、Windows 10。尝试开启远程桌面功能，对比在操作过程上有什么不同。

项目 5

组建无线局域网——移动篇

目前，随着智能化办公的普及及无线通信技术的广泛应用，家庭中的智能手机、平板电脑、便携式笔记本电脑等无线终端多了起来，如果让这些无线终端实现共享上网，就需要建立一个无缝全覆盖的无线网络。随着校园办公信息化的不断发展和办公走向移动化的趋势，很多校园正在开始建设更加方便、便捷、移动性强的无线接入网络来满足自身发展的需求。这就是本项目要学习的主要内容——组建无线局域网。

学习本项目后，可以了解和掌握以下内容。

1. 扩展无线网络信号，建立无缝全覆盖的无线网络。

2. 设置多 WAN 口路由器，适应家庭中多宽带接入，上网更快更稳定。

3. 利用多个 AP 建立校园无线局域网。

■无线路由器桥接和无线扩展器

■家庭双宽带接入

■组建校园无线局域网

任务1　无线路由器桥接和无线扩展器

5.1.1　任务描述

　　小明帮王教授组建成家庭有线 / 无线混合局域网后，又接到王教授的求助电话，通过与王教授沟通，小明了解到王教授家其中一室与客厅的无线路由器中间隔着电梯井，无线信号弱。小明明确了这次任务是将无线信号全覆盖整个房间，可以用无线路由器的桥接和无线扩展器对信号弱的区域进行扩展。

1. 确定组网方案

　　通过实地考察，小明决定在信号弱的房间采用无线路由器桥接的方式扩展无线信号，完成任务后，王教授家的无线信号布置效果如图 5-1 所示。

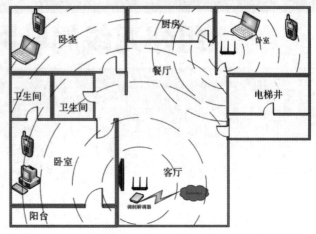

图 5-1　无线信号布置图

2. 采购所需的设备

　　确定好方案后，小明准备采购所需的路由器，他计划将王教授家已有一个 TL-WR847N 路由器作为主路由器，经过多个型号对比后，决定采购 TL-WR886N 路由器作为桥接的副路由器。

5.1.2　知识背景

　　无线局域网（Wireless Local Area Network，WLAN）是计算机网络与无线通信技术相结合的产物，采用无线传送方式提供有线局域网的功能，是对有线局域网的一种补充和扩展。目前采用 802.11g 标准的无线局域网的数据传输速率可达 54Mbps，使得局域网内的智能手机、便携式笔记本电脑等终端具有可移动性，能够快速方便地解决有线方式不易实现的网络连接问题，具有部署灵活、带宽高、延展性强、易维护等优势。

　　无线信号是通过电磁波在空中传输的，路由器和无线终端（如智能手机、便携式笔记本电脑等）之间的障碍物会对无线信号传输造成很大衰减，如承重墙、隔墙、家具、金属物品、电梯井等，穿过的障碍物越多信号越弱。单台路由器可以较好地覆盖普通三室两厅及更小的户型，在一些特殊环境下，单台路由器无法完全覆盖任意角落，如大户型（别墅等）需要根据实际情况搭配其他设备进行无线信号扩展。

　　基于现有网络，要建成一个完善的无缝覆盖的无线网络，可以使用桥接模式或中继模式。桥接模式（Bridge）和中继模式（Repeater）都可以对已有无线信号进行放大，扩展无线信号的覆盖范围。

　　无线路由器（Wireless Router）：将单纯性无线 AP（任务 3 有介绍）和宽带路由器合二为一的扩展型产品，它不仅具备单纯性无线 AP 的所有功能，如支持 DHCP 客户端、支持 VPN、防火墙、支持 WEP 加密等，而且包括了网络地址转换（NAT）功能，可支持局域网用户的网络连接共享。其内置有简单的虚拟拨号软件，可以存储用户名和密码拨号上网，也可以实现自动拨号功能。无线路由器桥接不仅可以把两个不同物理位置的、不方便布线的用户连接到同一局域网，还可以起到信号放大的作用。

无线扩展器就是一个中继器（Wi-Fi 信号放大器），它的作用就是通电后，放在信号较弱的地方，将现有无线路由器较弱的信号进行增强放大，使得各个角落都有信号，与原有无线路由器组建无线漫游网络。

说明

（1）桥接模式：一般是点对点或点对多点的信号无线数据传输。一般情况下，主要用于两个不同地点的小局域网之间的连接。为了保证桥接的稳定性，当设备开启桥接功能后，会关闭普通网卡的介入功能，即只能点对点通信。

（2）中继模式：指利用无线路由器之间的无线连接功能，将无线信号从一个中继点传递到下一个中继点，实现信号的增强，并形成新的无线覆盖区域，最终达到延伸无线网络覆盖范围的目的。事实上，只要有两台支持中继功能的无线路由器，即可拓展网络覆盖范围。

桥接模式和中继模式的区别在于桥接模式是放大前端信号的同时，可以根据需求设置自身的无线信号；在中继模式下，整个网络只有一个无线信号。如果设置相同，桥接模式功能等同于中继模式；如果设置不同，则网络中存在两个不同的无线信号。

（3）WDS（Wireless Distribution System，无线分布系统）通过在无线路由器上开启 WDS 功能来延伸扩展无线信号，它可以让无线路由器之间通过无线进行桥接（中继），而在桥接（中继）的过程中并不影响其无线设备覆盖效果的功能。这样就可以用两个无线设备将无线网络覆盖范围进行扩展，使无线上网更加方便。

5.1.3　动手实践

1. 无线路由器桥接扩展无线信号

王教授家原有的 TL-WR847N 路由器（有 WDS 功能，但是不能开启此功能）作为主无线路由器，新购买的 TL-WR886N 路由器作为桥接的副路由器（有 WDS 功能，必须开启）放置在信号弱的房间。

（1）设置主无线路由器。设置主无线路由器的内容参照项目 1 任务 2 中的操作，根据实际情况选择 WAN 连接类型，本例 WAN 口连接类型为"静态 IP"，WAN 和 LAN 不能在同一个网段。主路由器的 WAN 口设置如图 5-2 所示。

无线路由
器桥接

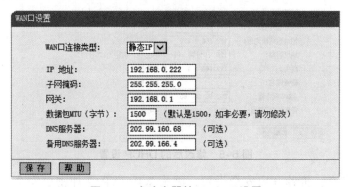

图 5-2　主路由器的 WAN 口设置

主路由器的 LAN 口设置如图 5-3 所示。

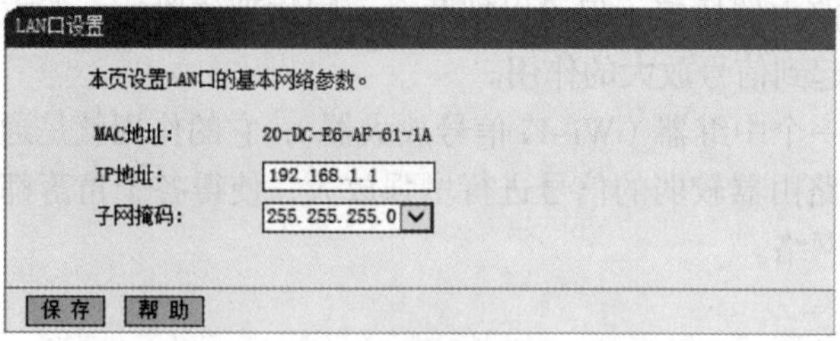

LAN口设置

本页设置LAN口的基本网络参数。

MAC地址： 20-DC-E6-AF-61-1A

IP地址： 192.168.1.1

子网掩码： 255.255.255.0

保存 帮助

图 5-3 主路由器的 LAN 口设置

SSID 是一个无线局域网络（WLAN）的名称，它是区分大小写的文本字符串，其最大长度不超过 32 个字符（字母或数字）。SSID 号是路由器发送的无线信号的名称，可以根据自己喜好填写，最好不用中文，以免无线终端出现乱码；在信道 1~13 中任选一个，但不能选自动，防止 WDS 功能不稳定，下面以信道 1 为例，主路由器不能开启 WDS。模式和频段带宽都为默认值，无线网络基本设置如图 5-4 所示。

说 明

无线路由器型号和无线信号名称（SSID）默认不一致。如本例中路由器型号为 TL-WR847N 而 SSID 号为 TP-LINK_AF611A。

无线网络基本设置

本页面设置路由器无线网络的基本参数。

SSID号： TP-LINK_AF611A

信道： 1

模式： 11bgn mixed

频段带宽： 自动

☑ 开启无线功能

☑ 开启SSID广播

☐ 开启WDS

保存 帮助

图 5-4 无线网络基本设置

主路由器启用 DHCP 服务器，地址池地址默认为 192.168.0.100~192.168.0.199，为了不和副路由器有交叉，对地址池地址进行了修改。修改后的 DHCP 设置如图 5-5 所示。

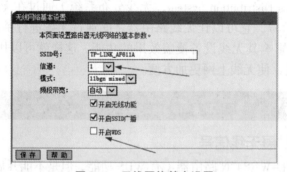

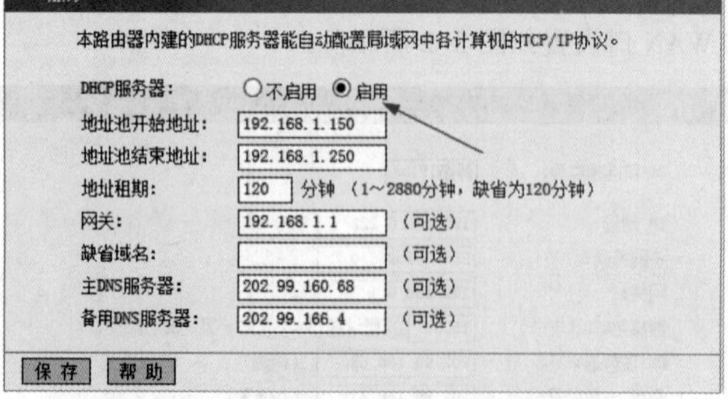

DHCP服务

本路由器内建的DHCP服务器能自动配置局域网中各计算机的TCP/IP协议。

DHCP服务器： ○不启用 ●启用

地址池开始地址： 192.168.1.150

地址池结束地址： 192.168.1.250

地址租期： 120 分钟（1~2880分钟，缺省为120分钟）

网关： 192.168.1.1 （可选）

缺省域名： （可选）

主DNS服务器： 202.99.160.68 （可选）

备用DNS服务器： 202.99.166.4 （可选）

保存 帮助

图 5-5 修改后的 DHCP 设置

为保障网络安全，推荐开启安全设置，因为 WPA/WPA2 加密更安全，且桥接起来更稳定，所以推荐使用 WPA/WPA2 加密，密码最好是字母、数字、特殊字符等混合使用。组密钥更新周期为默认值即可，无线网络安全设置如图 5-6 所示。

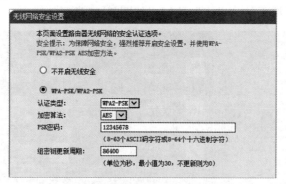

图 5-6　无线网络安全设置

主无线路由器设置好后，将其保存后退出，开始设置副无线路由器。

（2）设置副无线路由器。登录无线路由器，将计算机上的"WAN 口连接类型"设置为"自动获得 IP 地址"，路由器 LAN 口的 IP 地址要与主路由器的 IP 地址在同一个网段，主路由器 IP 地址为"192.168.1.1"，副路由器 IP 地址可以设置为"192.168.1.2"，既防止与主路由器冲突，也便于同时管理主路由器和副路由器，WAN 口设置如图 5-7 所示。LAN 口 IP 设置如图 5-8 所示。

图 5-7　副路由器的 WAN 口设置

图 5-8　副路由器的 LAN 口 IP 设置

无线名称、密码、无线信道应与主路由器完全一致，才能实现网络无缝漫游，如图 5-9 所示。

开启副路由器的 DHCP 服务器，地址池不要与主路由器有交叉，"网关"填写主路由器的 LAN 口 IP 地址，即 192.168.1.1，如图 5-10 所示。

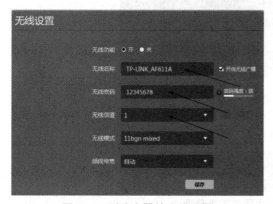

图 5-9　副路由器的无线设置

图 5-10　副路由器的 DHCP 服务器设置

（3）无线桥接。在路由器登录界面的首页，单击"应用管理"按钮，在打开的"应用管理"界面中单击无线桥接下的"进入"按钮，如图5-11所示。

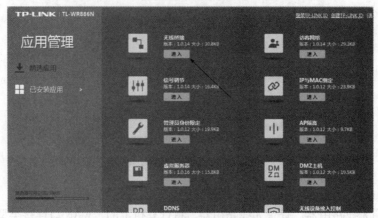

图5-11 "应用管理"界面

进入"无线桥接"界面后单击"开始设置"按钮，路由器将自动扫描附近的无线设备，如图5-12所示。

图5-12 "无线桥接"界面

可以看到路由器扫描到了很多的无线信号，选中需要桥接的主路由器，输入无线密码后单击"下一步"按钮，如图5-13所示。

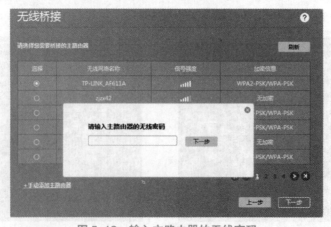

图5-13 输入主路由器的无线密码

出现"正在连接，请稍候"的提示信息，等待 10 秒左右，即可连接主路由器，如图 5-14 所示。

图 5-14　连接主路由器

为了避免 IP 地址冲突，需要将副路由器的 LAN 口 IP 地址更改为与主路由器在同一个网段上的其他 IP 地址，主路由器的 LAN 口 IP 地址为 192.168.1.1，可设置本（副）路由器的 IP 地址为 192.168.1.2，如图 5-15 所示。

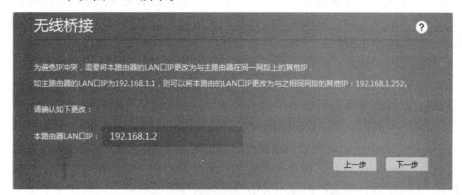

图 5-15　设置副路由器的 LAN 口 IP 地址

单击"下一步"按钮后，无线名称和无线密码自动复制主路由器的无线名称和密码（建议与主路由器的无线名称和密码一致，如有需要可进行更改），如图 5-16 所示。

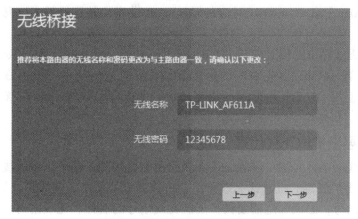

图 5-16　副路由器无线名称和密码

即可桥接成功，单击"保存"按钮，如图 5-17 所示。

图 5-17 桥接成功

（1）两台路由器的牌子不一定要相同，桥接的路由必须要有 WDS 功能，且开启，否则桥接不成功，网络就连接不上。主路由器不能开启 WDS，否则会导致主路由器故障；副路由器与主路由器的 SSID 可以随便取，尽量取相同的名称，但是信道必须设置为同一个。副路由器的 DHCP 地址池不要与主路由器有交叉，副路由器的网关设置为主路由器的网关地址（如 192.168.1.1），DNS 服务器设置要与主路由器相同。

（2）组密钥更新周期只是在路由上协商的保护路由的机制，可有效避免暴力猜测密码，无线密码是不会变的，变的是密码的加密方式。WPA 加密改变了密钥生成方式，以更频繁地变换密钥来获得安全，一旦他人对无线路由器进行攻击来破解无线网络的密码时，即便收集到分组信息并对其进行解析，也几乎无法计算出通用密钥。它是一种更科学的加密机制，为避免他人非法获取本路由器网络资源，可以为路由器设置无线加密，密钥更新周期建议用户保持默认。

（3）信道又称为通道（Channel）、频段，是以无线信号（电磁波）作为传输载体的数据信号传送通道。无线网络终端可在多个信道上运行，在无线信号覆盖范围内的各种无线网络设备应该尽量使用不同的信道，以避免信号之间的互相干扰。在 802.11b/g 网络标准中，无线网络的信道有 13 个，为了有效避免信道重叠造成的相互干扰，相近无线路由器应选择互不重叠的信道工作，（如 1、6、11）。对于在家使用的无线路由器，如果没有桥接，建议将信道设成自动选择，无线信道自动选择的作用是信道重叠会导致无线路由之间相互干扰，进而影响无线传输质量，信道自动选择功能使得路由器根据周围无线环境自动设置为最佳工作信道，有效避免同频干扰或竞争。

（4）频段带宽是指路由器的发射频率宽度，20MHz 对应的是 65MB 带宽，其穿透性好、传输距离远（100m 左右）；40MHz 对应的是 150MB 带宽，其穿透性差、传输距离近（50m 左右）。

（5）路由器无线网络的模式包括 11b only、11g only、11n only、1bg mixed、11bgn mixed。其中，11b 对应的是 11MB；11g 对应的是 54MB；11n 对应的是 150MB 或 300MB；only 在此模式下，频道仅使用 802.11b 标准；mixed 支持混合 802.11b 和 802.11g 装置。一般情况下用 11bgn mixed 即可。

2. 使用无线扩展器扩展无线信号

在家庭中无线网络信号的扩展除了用无线路由的桥接外，还可以用无线扩展器对无线信号进行扩展，无线扩展器的设置比无线路由器桥接的设置简单，使用扩展器的目的是增强、放大已有的无线信号，必须知道需要被扩展的无线信号的名称和无线密码。这里选用的是腾达 A9 无线扩展器，此扩展器基于 IEEE 802.11n 协议，通过软件优化，完美兼容市面上 99%

无线拓展器
设置

的路由器信号扩展。

（1）连接设备。

将腾达 A9 无线扩展器插到电源上，确保天线向上且垂直地面，等待 10 秒左右，启动完成，如图 5-18 所示。

（2）扩展现有网络。

①智能手机搜索腾达 A9 外壳后面标签上的无线信号（SSID）——Tenda_9DA1B8 并连接，如图 5-19 所示。

图 5-18　无线扩展器启动

图 5-19　搜索无线信号

②打开智能手机浏览器，在地址栏中输入"re.tenda.cn"（无线扩展器外壳后面标签上有登录地址），点击"前往"按钮登录到腾达 A9 的管理页面，如图 5-20 所示。

③等待腾达 A9 扫描出无线信号时，选择需要扩展的无线信号，如图 5-21 所示。

图 5-20　登录管理界面

图 5-21　选择需要扩展的无线信号

④输入需要扩展的路由器的无线密码，点击"完成"按钮，开始扩展。注意，"扩展器无线名称密码与上级无线信号一致"复选框是默认选中的，不需要修改，如图 5-22 所示。

⑤等待 10 秒左右，腾达 A9 指示灯呈现绿色或橙色常亮，扩展成功。扩展成功后中继器的名称、密码与上级路由器相同，无线设备搜索路由器的名称并输入密码，就可畅享网络

了，如图 5-23 所示。

图 5-22　输入无线密码

图 5-23　扩展成功

腾达 A9 扩展器指示灯的含义如下。

绿色常亮：推荐的位置。

橙灯常亮：距离上级路由器较远，如网速慢，可适当靠近上级路由器，如能正常使用则可以保持在该位置。

橙灯闪烁：距离上级路由器过远，可向上级路由器的位置移动，直至绿灯或橙灯常亮。

红灯常亮：正在启动。

红灯闪烁：已经恢复出厂设置或没有连接成功。

5.1.4　拓展知识

1. 无线局域网协议

无线局域网协议主要分为两大阵营：IEEE 802.11 系列标准和欧洲的 HiperLAN。其中 IEEE 802.11 协议、蓝牙标准和 HomeRF 工业标准等是无线局域网所有标准中最主要的协议标准。无线终端（智能手机、平板电脑、便携式笔记本电脑等）上的无线技术，也称为 Wi-Fi 或 WLAN 功能。Wi-Fi（Wireless Fidelity）又称 802.11b 标准，它最大的优点就是传输速度较高，可以达到 11Mbps，而且它的有效距离也很长，同时又与已有的各种 802.11DSSS 设备兼容。Wi-Fi 无线保真技术与蓝牙技术一样，同属于在办公室和家庭中使用的短距离无线技术。该技术使用的是 2.4GHz 附近的频段，该频段目前尚属没用许可的无线频段，其目前可使用的标准有两个：IEEE802.11a 和 IEEE802.11b。IEEE802.11g 是 802.11b 的继任者，在 802.11b 所使用相同的 2.4GHz 频段上提供了最高 54Mbps 的数据传输率。

2. 路由器桥接后上不了网的解决办法

（1）按要求设置了，为什么连接不上主路由器？

答：主路由器可能不支持 WDS。

（2）手机能连接路由器，但不能上网？

答：副路由器没开启 DHCP，导致设备无法自动获取 IP 地址。

（3）桥接不成功或不稳定是什么原因？

答:主路由器的信号弱或密码错误，被桥接的主路由器的信号强度建议在2格或2格以上。

（4）为什么网页不能打开，但是 QQ 可以正常运行。

答：因为无线路由器上 DNS 地址的解析功能没有配置正确，应设置正确的 DNS。

3. 恢复无线扩展器的出厂设置

与恢复无线路由器的出厂设置一样，在通电状态下长按无线扩展器下面（RES）键10秒左右，当指示灯变为红色闪烁时，即可恢复出厂设置。

思考与实训

练习与思考

一、判断题

1. 桥接模式和中继模式都可以对已有无线信号进行放大，扩展无线信号覆盖范围。　　　　　　　　（　　　）

2. 桥接的路由器不需要有 WDS 功能就能桥接成功。　　　　　　　　（　　　）

3. 扩展器对已有无线信号进行放大，用的是桥接模式。　　　　　　　　（　　　）

4. 扩展器的无线名称密码与上级无线路由器可以不一致。　　　　　　　　（　　　）

5. 扩展器上的红灯闪烁表示已经恢复出厂设置或没有连接成功。　　　　　　　　（　　　）

6. 在通电状态下长按扩展器下面（RES）键10秒左右，当指示灯变为红色闪烁时，即可恢复出厂设置。　　　　　　　　（　　　）

二、选择题

1. 无线信号是通过（　　　）在空中传输的。

A. 电磁波　　　　　　B. 光波　　　　　　C. 电流　　　　　　D. 光

2. WDS 无线分布系统的功能是（　　　）。

A. 关闭无线信号　　　　　　　　　　B. 延伸扩展无线信号

C. 增加网络带宽　　　　　　　　　　D. 提高网速

3. 无线网络安全设置中密码最好是（　　　）。

A. 数字　　　　　　B. 字母　　　　　　C. 特殊字符　　　　　　D. 三者结合

4. 桥接的两台路由器，主路由器 IP 地址为 192.168.0.1，副路由器的 IP 地址可以为（　　　）。

A.192.168.10.1　　　B.192.168.110.12　　　C.192.168.0.12　　　D.192.168.1.11

5. 无线扩展器的绿色常亮，表示（　　　）。

A. 距离上级路由器较远　　　　　　B. 正在启动

C. 已经恢复出厂设置或没有连接成功　　　　D. 推荐的位置

技能实训

1. 无线路由器的桥接

【实训目的】

了解局域网中无线路由器之间桥接的设置方法。

任务2　家庭双宽带接入

5.2.1　任务描述

春节是家庭团聚的日子，腊月二十，王教授家上大学的儿子小王回来了，王教授在高兴的同时发现了一个新的问题。因为王教授家用的是带宽为 10MB 的联通光纤宽带接入，小王学的是计算机专业，假期作业需要上传、下载文件，网速太慢，但网费还有半年才到期，问怎样提高网速，让上传下载变快。小明接到电话后很快给出了解决方案，在保留联通宽带的同时，再增加一条电信宽带，双宽带接入，将两种宽带叠加在一起，速度更快，王教授同意了小明的建议。

5.2.2　知识背景

对于一般家庭来说，一条宽带基本可以满足家庭需要。由于不同的宽带运营商之间没有实现互联互通，因此装不同宽带在访问对方服务器时都是有延迟的，当需求量大、网速慢、带宽窄时可以考虑双宽带接入。那么一旦有了两条或两条以上宽带后，如何使用才最合理或最高效呢？使用企业级路由器，连接两条宽带线路，WAN1 口是可以电信宽带，WAN2 口可以是联通宽带。需要实现访问电信服务器的流量走电信线路，所有访问联通服务器的流量走联通线路。

由于王教授家庭需要无线网络，小明考虑到多 WAN 口的企业级无线路由器能够满足家庭的需要，最终选择了 TL-WAR302 企业级 300MVPN 路由器。此路由器默认 1 口为 WAN 口，5 口默认为 LAN 口，2~4 口为 WAN 和 LAN 口混用，通过设置 WAN 口可以是 1~4 个，则 LAN 口为 4~1 个。TL-WAR302 企业级 300MVPN 路由器如图 5-24 所示。

图 5-24　TL-WAB302 企业级 300MVPN 路由器

5.2.3　动手实践

1. 连接局域网

路由器使用交流电，接通电源后，路由器将自动进行初始化，所有指示灯闪烁一次，然后 SYS 灯常亮，直到系统启动完成、SYS 灯开始闪烁，路由器完成初始化。为了设置方便，用一根网线连接路由器的第五 LAN 口，计算机 IP 地址设置为自动获得。

2. 多 WAN 口路由器设置

打开 IE 浏览器，在地址栏中输入 192.168.1.1，按 Enter 键，如图 5-25 所示。

图 5-25　IE 浏览器

多 WAN 口
路由器设置
技能实训

首次登录路由器，需要先创建账户与密码，依次输入用户名和两次密码后，单击"确认"按钮，如图 5-26 所示。

成功登录后弹出"设置向导"界面，由于新路由默认只有一个 WAN 口，其他端口是 WAN 和 LAN 复用的，如图 5-27 所示。

根据实际情况，王教授家是两条宽度上网，须启用双 WAN 口模式上网，选中"双 WAN 口"单选按钮，单击"下一步"按钮，如图 5-28 所示。

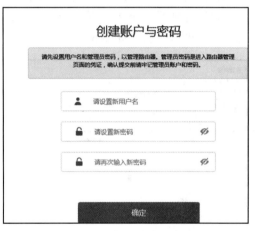

图 5-26　创建账户和密码

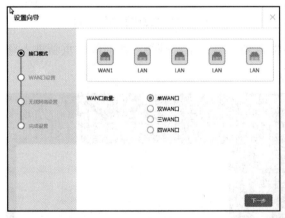

图 5-27　"设置向导"界面

图 5-28　设置双 WAN 口

王教授家是一条电信宽度，一条联通 ADSL 虚拟拨号上网，小明设置 WAN1 口为电信网络，上网方式为固定 IP 地址；WAN2 口设置为联通网络，上网方式为 PPPoE 拨号线路，WAN1 和 WAN2 口设置如图 5-29 和图 5-30 所示。

图 5-29 WAN1 口设置

图 5-30 WAN2 口设置

单击"下一步"按钮，进入无线网络设置，对无线名称和无线密码进行设置，无线名称可用默认名称，也可以自己定义，如图 5-31 所示。

设置完成后，单击"下一步"按钮，进入"完成设置"界面，可以对设置的接口信息和无线信息进行确认，如图 5-32 所示。

图 5-31 "无线网络设置"界面

图 5-32 "完成设置"界面

确认无误后，单击"完成"按钮后，路由器自动重启，耐心等待一段时间，重新进入登录界面，如图 5-33 和图 5-34 所示。

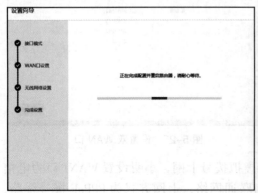
图 5-33 路由器重启

图 5-34 路由器"登录"界面

164

　　输入用户名和密码后单击"登录"按钮，进入路由器的管理界面，选择"基本设置"选项，可以看到接口模式中"WAN 口数量"设置为"双 WAN 口"，如图 5-35 所示。

图 5-35　路由器接口模式

　　选择"WAN 设置"选项，在打开的界面中有 4 个选项，单击 WAN1 设置和 WAN2 设置下的"高级设置"按钮，在打开的"高级设置"界面中选择默认值即可，如图 5-36 ~ 图 5-38 所示。

图 5-36　WAN 设置界面

图 5-37　WAN1 设置下的"高级设置"界面

图 5-38 WAN2 设置下的"高级设置"界面

选择"流量均衡"选项,选中"特殊应用程序"选路,均衡模式选择"连接均衡"(滑块为灰色表示禁用,滑块为蓝色表示启用),将"均衡模式"设置为"连接均衡",单击"保存"按钮,如图 5-39 所示。

图 5-39 "流量均衡"设置界面

接入的多条宽带线路不是同一运营商,则可能引起访问瓶颈(如访问电信网络的数据走联通网络),导致网络延迟大、丢包等现象。ISP 选路功能可以避免以上问题发生,实现访问对应 ISP 网络的数据走正确的接口。选择"ISP 选路"选项,单击"新增"按钮,如图 5-40 所示。

图 5-40 "ISP 选路"设置界面

对 WAN1 口 ISP 进行设置，在其下拉列表框中选择"电信"选项，单击"确定"按钮，如图 5-41 所示。

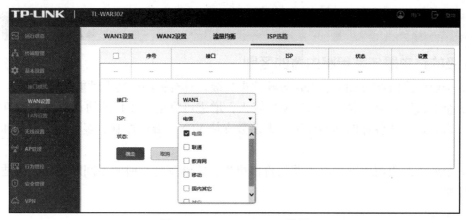

图 5-41　WAN1 口 ISP 设置

继续单击"新增"按钮对 WAN2 口 ISP 进行设置，在其下拉列表框中选择"联通"选项，如图 5-42 所示。

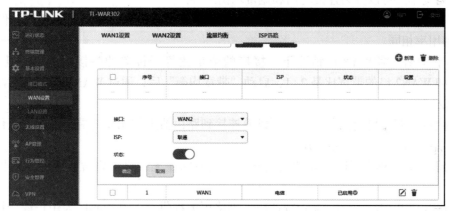

图 5-42　WAN2 口 ISP 设置

选择"LAN 设置"选项，在打开的"接口设置"界面中选择默认值，单击"设置"按钮，完成路由器的"基本设置"，如图 5-43 所示。

图 5-43　LAN 设置的"接口设置"界面

路由器的其他设置见项目 1 相关内容。路由器设置完成后即可用手机或笔记本电脑等无线终端畅游网络了。

5.2.4　拓展知识

1. 企业级的路由器与家用路由器的区别

（1）企业级路由器的 CPU、内存等硬件更高级，具有更高的转发性能和带机量。

（2）企业级路由器支持多个 WAN 口接入，增进可靠度，支持的协议标准及软件管理功能更多，为满足企业各种网络的需求，大多数支持 VPN、流量控制、多种虚拟服务和更多路由协议。

（3）企业级路由器比家用路由器的价格更贵，能够支持长时间不间断使用，更适合企业的应用环境。

2. 路由器设置中的几个术语

（1）特殊应用程序：应用程序属于同一网络应用的多条连接通过同一个 WAN 口转发，避免多 WAN 口下由于该应用的多条连接通过不同的 WAN 口转发导致应用异常的问题。

（2）均衡模式可以分为连接均衡和宽带均衡两种：

①连接均衡：多 WAN 口情况下，根据总连接数合理分配给各个 WAN 口，保证每个 WAN 口利用率相同。

②宽带均衡：多 WAN 口情况下，接口的流量比等于设置的各接口的带宽比。例如，WAN1 口和 WAN2 口的带宽比是 2∶1，启动"带宽均衡"后，通过 WAN1 口和 WAN2 口的流量比约为 2∶1。

（3）内部隔离。启用内部隔离，可以使连接到路由器上的无线终端不能相互通信（滑块灰色表示禁用，滑块蓝色表示启用）。

（4）隐藏无线网络。启用隐藏无线网络，局域网在无线终端将搜索不到路由器的无线名称。

（5）ISP。ISP（Internt Service Provider，网络服务提供商）是指向广大用户综合提供互联网接入业务、信息业务和增值业务的网络服务运营商，如联通、电信、移动等。

3. 带宽和宽带

带宽是指单位时间内（一般指 1 秒钟）的最大数据流量，也可以说是单位时间内最大可能提供多少个二进制位传输。而 1MB 带宽指的是 1Mbps=1 megabits per second。例如，普通电话线理论上是 8MB 带宽，所说的 2MB 线、155MB 线都是带宽，它与物理传输媒体相关。网络和高速公路类似，带宽越大，就类似高速公路的车道越多，其通行能力越强。

宽带是指在同一传输介质上使用特殊的技术或设备，可以利用不同的频道进行多重（并行）传输，并且速率在 256Kbps 以上，至于到底多少速率以上算作宽带，目前没有国际标准，这里按照约定俗成和网络多媒体视频数据量来考量为 256KB。因此与传统的互联网接入技术相比，宽带接入技术最大的优势就是其带宽速率远远超过 56Kbps 拨号。

思考与实训

练习与思考

判断题

1. 多 WAN 口路由器默认有两个 WAN 口。　　　　　　　　　　　　　　　（　　　）

2. 路由器"流量均衡"模式选择有"连接均衡"和"带宽均衡"两种模式。（　　　）

3. ISP 选路功能可以实现访问对应 ISP 网络的数据走正确的接口。　　　（　　　）

4. 接入的多条宽带线路不是同一运营商，不能使用路由器中的"特殊应用程序"。

　　　　　　　　　　　　　　　　　　　　　　　　　　　　　　　（　　　）

5. 企业级路由器比家用路由器功能强大，带机量大，价格偏高。　　　（　　　）

6. 网络带宽等同于宽带。　　　　　　　　　　　　　　　　　　　　　（　　　）

技能实训

多 WAN 口路由器的设置

【实训目的】

（1）了解家庭双宽带接入的必要性。

（2）熟悉多 WAN 口无线路由器的设置。

【实训内容】

（1）连接局域网。

（2）多 WAN 口路由器设置。

任务3　组建校园无线局域网

几乎所有的学校都有了自己的有线网络，但随着用户的增加以及笔记本电脑、手机、平板电脑等移动终端的兴起，先前的有线网络越来越不能满足师生们工作与学习需求，而组建校园无线网络即可方便地解决此问题。

5.3.1　任务描述

小明接到校长的一个任务，就是在学校现有有线网络的基础上，增加一些无线的硬件设备，组建学校的无线网络，以满足广大师生办公学习的需求。

根据学校的实际情况，小明决定采用无线 AC+ 无线 AP 的模式来实现。无线路由器虽然也可以实现无线上网功能，但与无线 AP 相比，还是相差很多。无线 AP 信号更强、覆盖范围更大、并可与其他 AP 无线连接，扩大覆盖范围。

5.3.2　知识背景

（1）无线网卡。无线网卡和有线网络中计算机网卡的作用基本相同，它作为无线局域网的接口，用来接收无线信号。

（2）无线 AP。无线 AP（Access Point）是指无线局域网的接入点、无线网关，它的作用类似于有线网络中的交换机，可以发送无线信号，手机等无线终端可以接收其信号并实现上网。

（3）无线 AC 控制器。无线 AC 即无线控制器（Wireless Access Point Controller），它是一个无线网络的核心，负责管理无线网络中的所有无线 AP，如下发配置、修改相关配置参数、射频智能管理、接入安全控制等。

5.3.3　动手实践

1. 连接无线 AP

首先要从单位的交换机上拉一根网线到要放置无线 AP 的位置，要求计算机连接到这根网线后可以上网。然后把这个网线接到 AP 上，完成无线 AP 线路的连接。最后把该无线 AP 当成一个计算机，设置上它的 IP 地址即可。

2. 设置无线 AP

每个无线 AP 出厂时，都有一个 IP 地址，一般情况下为 192.168.1.254，可以把计算机的 IP 地址改成与无线 AP 的 IP 地址为同一号段。通过网线，连接计算机与无线 AP，然后打开浏览器，在地址栏中输入"192.168.1.254"，进入无线 AP 的设置界面。因为无线 AP 的设置方式与无线路由器的设置方式类似，所以此处不再配图。

无线 AP 的设置主要有以下几点。

（1）设置无线 AP 的登录名与密码。

（2）设置该无线 AP 的新 IP 地址，让它与其他的计算机为同一号段。

（3）设置无线 AP 的发送信号名称与密码。

（4）设置信道，相邻 AP 的信道相差越大越好。

完成设置好后，单击"保存"按钮并退出。

此时，在无线 AP 信号覆盖范围内的无线接收端可以接受无线信号上网了。

此外，也可以用同样的方法，安装设置其他无线 AP，但要注意，各无线 AP 的 IP 地址不要重合，相邻 AP 的信道相隔越远越好。

3. 无线 AC 控制器的使用

（1）AC 与 AP 的网络拓扑图。

如果仅几个无线 AP，那么用上述方法进行设置、管理是没有问题的。但如果有了太多的无线 AP，那么管理起来就比较烦琐，如关闭与启用 AP、设置无线 AP 的信号名称与密码等，此时，可以使用无线 AC 控制器，它可以方便地管理无线 AP。

AC 一般接在根端交换机上，AP 可接在任意交换机上。把 AC 与 AP 的 IP 地址设置为与主路由器相匹配的 IP 地址，AC 即可控制这些 AP。AC、AP 与交换机连接的网络拓扑图如图 5-44 所示。

下面以 TP-Link 的 AC100 为例来

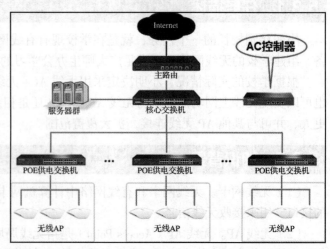

图 5-44　AC、AP 与交换机连接的网络拓扑图

简单介绍一下 AC 的使用。

（2）登录 AC。

AC 与 AP 一样，在设备后面标签上写有它的 IP 地址，AC100 的默认 IP 地址为 192.168. 1.253。在浏览器中输入该 IP 地址，即可登录 Web 界面进行管理。

（3）设置 AC 的用户名与密码。

首次登录，要求设置用户名与密码，它的操作与设置路由器相似，如图 5-45 所示。

（4）设置新的 IP 地址。

登录后，打开的界面左侧是导航栏，右侧是具体的操作部分。首先要设置 AC 的 IP 地址，把它设置为与本单位网络相匹配的网段，以便它能融入本单位的网络，如图 5-46 所示。

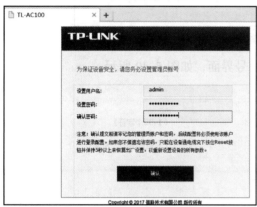

图 5-45　设置 AC 的用户名和密码

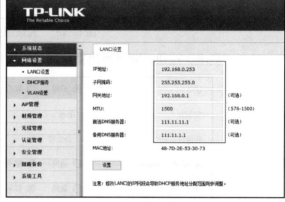

图 5-46　修改 AC 的 IP 地址

（5）设置 DHCP 服务。

设置 DHCP 服务即设置无线 AP 的动态 IP，将 DHCP 服务"状态"设置为"启用"，在"IP 分配范围"后选中"仅为 AP 分配"单选按钮，如图 5-47 所示。

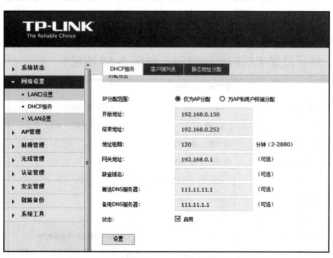

图 5-47　设置 DHCP 服务的地址范围

这样就不用给每个 AP 设置它们的 IP 地址了。

（6）设置无线信号 SSID。

选择"无线管理"→"无线服务"选项，打开"无线服务设置"界面，如图 5-48 所示。

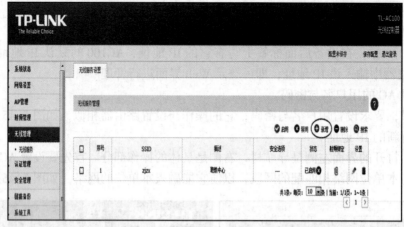

图 5-48 "无线服务设置"界面

单击"新增"按钮，即可弹出新增加的无线信号界面，如图 5-49 所示。

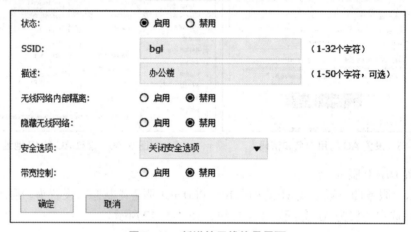

图 5-49 新增的无线信号界面

输入无线信号的 SSID 名称及描述。如果需要输入密码，则在"安全选项"后的下拉列表框中选择加密方式，然后设置无线网络的密码，如图 5-50 所示。

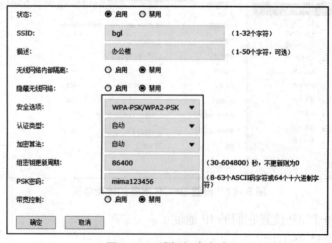

图 5-50 选择加密方式

设置后即可增加一个无线信号，如图 5-51 所示。

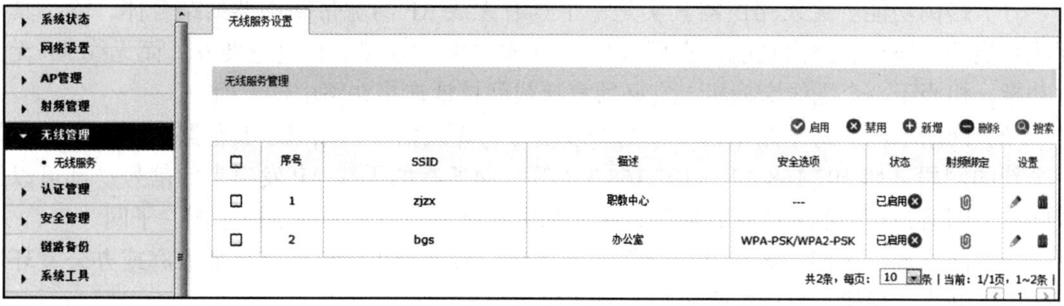

	序号	SSID	描述	安全选项	状态	射频绑定	设置
☐	1	zjzx	职教中心	---	已启用❌	🔗	✏️ 🗑️
☐	2	bgs	办公室	WPA-PSK/WPA2-PSK	已启用❌	🔗	✏️ 🗑️

图 5-51　新增 AP

设置好后，所绑定的无线 AP 都将使用这一信号名称与密码。

（7）绑定无线 AP。

设置好无线信号 SSID 后，即可与先前接入网络的无线 AP 进行绑定。注意，无线 AC 会自动发现网络中的各个 AP，单击射频绑定中的"绑定"链接，从中选择使用该信号的 AP，如图 5-52 所示。

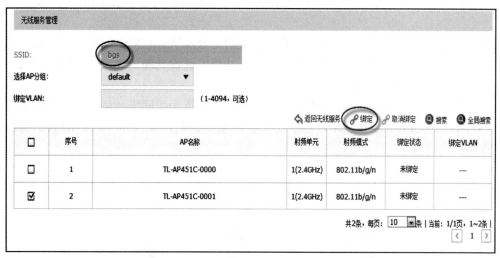

图 5-52　绑定 AP

绑定后，无线终端即可以搜到该信号并上网了。至此，就完成了学校无线局域网的设置。

以上是设置无线 AC 控制 AP 上网的基本方法。另外，无线 AC 的管理页面还有很多高级设置，这里不再赘述。

目前绝大部分中小型、所有大型无线局域网采用的都是 AC+ 无线 AP 组合的模式，使用 AC 控制器能统一管理所有的 AP，包括 AP 自动发现、AP 状态查看、AP 统一配置，以及修改 AP 相关配置参数、接入安全控制等，简化网络的管理和维护。除此之外，它还能让整个网络更加稳定可靠。

5.3.4　拓展知识

1. 无线 AP 与无线路由器的区别

无线路由器与无线 AP 都可以发射无线信号，都可以组建局域网，那么它们有什么区别呢?

（1）路由功能。无线路由器其实是一个具有无线 AP 与宽带路由器的结合体，除了具有无线功能外，还具有路由功能，它可以与 ADSLMODE 相连接后再进行转发。而无线 AP 无路由功能，相当于一个无线交换机，它必须直接或间接地连接在路由器下面。

（2）网络不同。每个路由器下面的有线信号与无线信号，相对于其他路由器来说，都是一个新的网段，如 192.168.2.X、192.168.3.X 等。而所有的无线 AP 发出来的信号，都可以组成同一个网络，它们的号段是相同的，接入的无线终端与原来的网络属于同一子网。

（3）网络规模不同。无线路由器发送的无线信号适合小规模网络，如家庭或办公室环境下的无线网络，规模小且用户数较少。

而无线 AP 应用于大型公司比较多，大公司需要大量的无线访问节点实现大面积的网络覆盖，同时所有接入终端都属于同一个网络，也方便公司网络管理员简单地实现网络控制和管理。

2. 无线网桥

网络一般以有线网络为基础，在有线网络的基础上增加无线网络，无线网络是有线网络的一个补充。但有时也会用无线网络把两个或多个网络连接起来，从而形成一个大的网络。

例如，有两栋教学楼，每个教学楼都有各自的局域网络，它们之间距离非常远，且中间没有建筑物，无法在空中架设光缆，也没有地下井可以铺设光缆，现在要把它们连成一个网络，实现资源共享与数据交换。

这种情况下就可以使用无线网桥技术。无线网桥是指无线网络的桥接，它利用无线传输方式代替网线、光纤等，用于几百米、几公里甚至更远的两个或多个网络的数据传输，如图 5-53 所示。

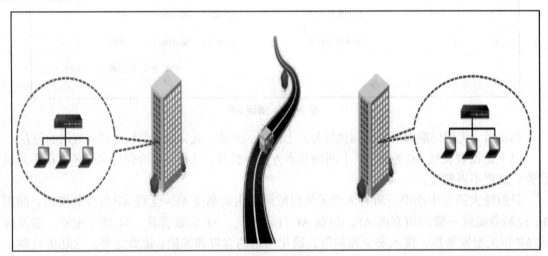

图 5-53　无线网桥

如图 5-54 所示，在楼顶安装无线网桥设备，调整好方向，使它们之间方向相对，然后按着说明接入各自的局域网，即可将这两个局域网连接起来，实现数据传输。

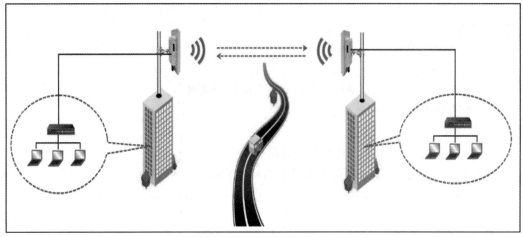

图 5-54　无线网桥的应用

无线网桥包括信号发送端与信号接收端，点对点必须在两个或两个以上，由于无线网桥是通过微波进行传输的，因此使用无线网桥时一定要确保发送端与接收端之间的传输路径中没有阻挡物，否则会影响信号的传输。

3. 无线网络中的 2.4GHz 与 5GHz

无线网络中的 2.4GHz 与 5GHz 是指 2.4GHz 频段与 5GHz 频段，它们在信号的传输上并没有什么差别，也不类似手机中的 3G 比 2G 强、4G 比 3G 强。主要是因为使用 2.4GHz 频段的无线设备太多，如 iPad、手机、PC、游戏机等都在这个频段下使用，致使多台设备同时使用时，网速严重下降。此外，微波炉、蓝牙、无线鼠标也使用 2.4GHz 频段，也会干扰其他连接设备。因此出现了 5GHz 频段的无线信号，而且 5GHz 的通道比 2.4GHz 多出几倍，可以很好地解决拥堵问题。

|||||||||||||||||||||||||| **思考与实训** ||||||||||||||||||||||||||

练习与思考

判断题

1. 无线局域网可以脱离有限网络而存在。　　　　　　　　　　（　　　）

2. 两个无线 AP 下的网络属于同一子网，而两个无线路由器下的子网属于不同的子网。　　　　　　　　　　　　　　　　　　　　　　　　　　　　（　　　）

3. 小微型无线局域网可以用无线路由器来组建，而中型或大型无线局域网一般由无线 AC+ 无线 AP 的模式来构建。　　　　　　　　　　　　　　　　　（　　　）

4. 两个相近的无线设备，信道间隔越远越好。　　　　　　　　（　　　）

5. 无线 AP 信号传输较远，可达数公里以上。　　　　　　　　（　　　）

6. 无线网桥包括信号发送端与信号接收端，安装时最少安装两个或两个以上。　　　　　　　　　　　　　　　　　　　　　　　　　　　　　　　（　　　）

7. 5GHz 信号要比 2.4GHz 信号快。　　　　　　　　　　　　（　　　）

无线局域网的设置

【实训目的】

（1）掌握无线 AC+ 无线 AP 模式的无线局域网的连接。

（2）学会使用 AC 管理无线 AP。

【实训内容】

（1）组建无线 AC+ 无线 AP 无线局域网。

（2）使用 AC 设置无线 AP 的无线信号名称与密码。

项目 6

互联网应用——生活篇

目前，上网已经成为人们生活和学习的一部分，相信大家已经有一定的上网经验，并掌握了一定的上网的方法和技巧。本项目从计算机网络专业的角度讲解网页浏览器的使用技巧、百度搜索技巧及网上购物体验。

学习本项目后，可以了解和掌握以下内容。

1. 各种不同的网页浏览器，以及网页浏览器的功能和设置。

2. 百度搜索引擎的使用技巧。

3. 网上购物的一般流程，以及购物过程中应该注意的事项。

■ 巧用浏览器

■ 互联网 + 购物

任务1 巧用浏览器

6.1.1 任务描述

小明通过完成前面的所有任务，网络操作技能及动手能力得到飞速提升，在与客户尤其是家庭用户接触的过程中，发现很多用户在浏览网页时会遇到各种各样的问题。公司要求小明不但要给用户安装好设备，还要解答好用户上网所遇到的各种问题，搞好公司的增值服务。小明明确了自己的任务是熟悉各种不同的网页浏览器、了解网页浏览器的功能和掌握网页浏览器的设置。

6.1.2 知识背景

1. 熟悉常用浏览器

当今社会是一个网络的时代，浏览器已经成为人们进入互联网的重要软件，几乎能上网的地方都需要浏览器。

浏览器是 WWW 客户端程序，使用它可以浏览包含被链接的图像、声音、视频等 Web 文档、下载软件、登录 FTP 站点、网上购物、网上订票及发送电子邮件等。总之，使用浏览器可以完成绝大部分 Internet 上网的工作。

浏览器发展到今天已经有很多不同的品牌，每个品牌的浏览器虽然基本功能和基本操作方法相同，但是也具有不同的特点，适合不同上网需求的用户。小明在查阅网上相关资料后，将部分主流网页浏览器的介绍进行了汇总，如表 6-1 所示。

表 6-1 主流网页浏览器

浏览器名称	别名	简介
Internet Explorer	IE	Internet Explorer 是微软公司推出的一款网页浏览器，预装在 Windows 操作系统中，称为 Microsoft Internet Explorer（6 版本以前）和 Windows Internet Explorer（7、8、9、10、11 版本），简称 IE。在 IE7 以前，中文直译为"网络探路者"，但在 IE7 以后官方便直接称 IE 浏览器
Mozilla Firefox	火狐	Mozilla Firefox 是一个自由及开放源代码的网页浏览器，使用 Gecko 排版引擎，支持多种操作系统，如 Windows、Mac OS X 及 GNU/Linux 等
360 安全浏览器	360SE	360 安全浏览器（360 Security Browser）是 360 安全中心推出的一款基于 IE 和 Chrome 双内核的浏览器，是世界之窗开发者凤凰工作室和 360 安全中心合作的产品。它和 360 安全卫士、360 杀毒等软件产品一同成为 360 安全中心的系列产品。360 安全浏览器拥有全国最大的恶意网址库，采用恶意网址拦截技术，可自动拦截木马、欺诈、网银仿冒等恶意网址。独创沙箱技术，在隔离模式即使访问木马也不会感染
360 极速浏览器	360chrome	奇虎 360 推出的一款网页浏览器，360 极速浏览器是一款极速、安全的无缝双核浏览器。它基于 Chromium 开源项目，具有闪电般的浏览速度、完备的安全特性及海量丰富的实用工具扩展。它继承了 Chromium 开源项目超级精简的页面和创新布局，并创新性地融入国内用户喜爱的新浪微博、人人网、天气预报、词典翻译、股票行情等热门功能，在速度大幅度提升的同时，兼顾国内互联网应用

续表

浏览器名称	别名	简介
UC 浏览器	UC Browser	UC 浏览器是 UC Mobile Limited 开发的一款软件，可分为 UC 手机浏览器和 UC 浏览器电脑版。UC 是何小鹏和梁捷于 2004 年在广州创立的，2014 年 6 月并入阿里巴巴，成为阿里巴巴移动事业群的核心部分，全球使用量最大的第三方手机浏览器，目前已覆盖 Android、iOS、Windows 等主流移动操作系统
QQ 浏览器		QQ 浏览器是 Tencent Technology（Shenzhen）Company Limited 开发的一款浏览器，其前身为 TT 浏览器。采用 Chromium 内核 +IE 双内核，让浏览快速稳定，拒绝卡顿，完美支持 HTML5 和各种新的 Web 标准。它同时可以安装众多 Chrome 的拓展，支持 QQ 快捷登录，登录浏览器后即可自动登录腾讯系网页。QQ 浏览器微信版中，用户可使用计算机登录微信，边上网边聊天，带来更为高效的微信沟通体验
Chrome 浏览器	谷歌浏览器	Chrome 浏览器是一个由 Google（谷歌）公司开发的开放原始码网页浏览器。该浏览器是基于其他开放原始码软件所撰写的，包括 WebKit 和 Mozilla，目标是提升稳定性、速度和安全性，并创造出简单且有效率的使用者界面
Opera 浏览器	欧朋	Opera 浏览器是一款挪威 Opera Software ASA 公司制作的支持多页面标签式浏览的网络浏览器，是跨平台浏览器，可以在 Windows、Mac 和 Linux 3 个操作系统平台上运行。因为它的快速、小巧和比其他浏览器更佳的标准兼容性，获得了国际上的最终用户和业界媒体的承认，并在网上受到很多人的推崇。2016 年 2 月确定被奇虎 360 和昆仑万维收购
傲游浏览器	Maxthon	傲游浏览器（傲游 1.x、2.x 为 IE 内核，3.x 为 IE 与 Webkit 双核）是一款多功能、个性化多标签浏览器。它能有效减少浏览器对系统资源的占用率，提高网上冲浪的效率。经典的傲游浏览器 2.x，拥有丰富实用的功能设置。支持各种外挂工具及插件。傲游 3.x 采用开源 Webkit 核心，具有贴合互联网标准、渲染速度快、稳定性强等优点，并对最新的 HTML5 标准有相当高支持度，可以实现更加丰富的网络应用，另还有傲游手机浏览器、傲游平板浏览器等
搜狗高速浏览器		搜狗高速浏览器由搜狗公司开发，基于谷歌 chromium 内核，力求为用户提供跨终端无缝使用体验，是让上网更简单、网页阅读更流畅的浏览器。搜狗高速浏览器首创"网页关注"功能，将网站内容以订阅的方式提供给用户浏览。搜狗手机浏览器还具有 Wi-Fi 预加载、收藏同步、夜间模式、无痕浏览、自定义炫彩皮肤、手势操作等众多易用功能
猎豹安全浏览器		猎豹安全浏览器是由猎豹移动公司（原金山网络）推出的一款浏览器，主打安全与极速特性，采用 Trident 和 WebKit 双渲染引擎，并整合金山自家的 BIPS 进行安全防护。它对 Chrome 的 Webkit 内核进行了超过 100 项的技术优化，访问网页速度更快，具有首创的智能切换引擎，可以动态选择内核匹配不同网页，并且支持 HTML5 新国际网页标准，在极速浏览的同时也保证兼容性

说 明

（1）浏览器内核。浏览器最重要或核心部分是"Rendering Engine"，可译为"渲染引擎"，不过，人们一般习惯将其称为"浏览器内核"，负责对网页语法的解释并渲染（显示）网页。所以，通常所说的浏览器内核就是浏览器所采用的渲染引擎，它决定了浏览器如何显示网页的内容及页面的格式信息。由于不同的浏览器内核对网页编写语法的解释也有所不同，因此，同一网页在不同内核浏览器中的渲染（显示）效果也可能不同。

（2）WWW 信息服务。WWW（World Wide Web，环球信息网）也可以简称为 Web，中文名称为"万维网"。

随着网络技术的发展，万维网信息服务已经迅速成为 Internet 上的一种最主要的服务形式，它采用客户机/服务器模式进行工作。WWW 服务器负责存放和管理大量的网页文件信息，并负责监听和查看是否有从客户端安装的浏览器传过来的连接。

万维网可以说是当今世界最大的电子资料世界，已经可以把 World Wide Web 当作 Internet 的同义词了。事实上，一般人们日常所说的"上网"，其实就是指连上 World Wide Web。

2. 常用浏览器的分类

现在浏览器非常多，根据浏览器内核可以分为单核浏览器和双核浏览器，如图 6-1 所示。

一个浏览器产品支持两个内核就称为双核浏览器，其中一个内核是 Trident（IE 内核），然后再增加一个其他内核。不过同一时间只能启用其中一个，双核的好处在于可以随意切换。国内的厂商一般把其他内核称为"高速浏览模式"，而 Trident 则称为"兼容浏览模式"，用户可以来回切换。

单核浏览器又可分为 IE 内核、谷歌内核、火狐内核，其中火狐内核是火狐浏览器专用的。

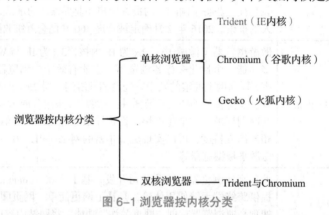

图 6-1 浏览器按内核分类

> **说 明**

国内的双核浏览器，除了傲游 3 是直接基于 Webkit 开发的之外，其他浏览器都是基于 Google 的 Chromium 开源项目。

Webkit（Safari 内核，Chromium 内核原型，开源）是苹果公司自己的内核，也是苹果的 Safari 浏览器使用的内核。

Chromium 和 Webkit 的区别：Webkit 是"爷爷辈"，Chromium 是"父亲辈"。

3. 手机浏览器

按使用终端来分，浏览器可分为 PC 端浏览器和手机浏览器，而手机浏览器是一种用户在手机终端上通过无线通信网络进行互联网内容浏览的移动互联网工具，其特点是安全、极速、省流量。小明通过查阅资料，将部分常用手机浏览器的特点及主要功能进行了汇总，如表 6-2 所示。

表 6-2　部分常用手机浏览器

手机浏览器名称	特点简介	主要功能
UC 浏览器 （安卓版、苹果版）	UC 浏览器是一款全球领先的智能移动浏览器，拥有独创的 U3 内核和云端技术，完美地支持 HTML5 应用，具有智能、极速、安全、易扩展等特性	个性化阅读、头条新闻、免费小说、海量视频、个性装扮、内涵段子、极速省流、贴心必备
手机百度 （安卓版、苹果版）	手机百度客户端是百度旗下最权威专业的搜索客户端，也是装机必备软件	兴趣卡片、拍照搜索、语音搜索、海量小说、高清视频、生活频道、最快的手机搜索利器
QQ 浏览器 （安卓版、苹果版）	QQ 浏览器自研 X5 内核，速度提升 50% 以上，带给用户极速、流畅、稳定的上网体验；集成腾讯安全管家安全检测，为网页浏览和购物支付、文件下载保驾护航	微信热文、视频播报、小说神器、游戏中心
360 浏览器 （安卓版、苹果版）	360 浏览器，采用业界领先的省流压缩技术，使省流到月底	省流量、尊贵服务、小说全搜、视频大全、抢票王、安全、极速
猎豹浏览器 （安卓版、苹果版）	猎豹浏览器是最小、最快、最省流量的浏览器	体积最小、速度最快、最省流量、娱乐休闲
搜狗浏览器 （安卓版、苹果版）	搜狗手机浏览器，一键下载免费小说的高速浏览器。风暴级内核引擎，使手机飞速上网	超全小说、嗅探下载、强力广告拦截、飞传、省流量、12306 抢火车票

6.1.3　动手实践

IE 浏览器是 Windows 7 系统的预装浏览器，在安装 Windows 7 系统之后就可以直接使用 IE 浏览器，现在大部分用户使用的都是 IE11 浏览器，在浏览器中可以完成非常多的操作，不管是玩网页游戏、浏览网页新闻，还是观看视频都非常方便。

1. 设置网址导航

网址导航就是一个集合较多网址，并按照一定条件进行分类的网址站。网址导航可谓是互联网最早的网站形式之一。下面更改 Internet Explorer 11 的主页，将默认的 MSN 网站改成常用的其他网址导航网站。

（1）打开 Internet Explorer 11 浏览器，默认进入的都是微软 MSN 主页，页面为"MSN 导航"，如图 6-2 所示。

图 6-2　MSN 导航页

（2）单击右上角的齿轮形状的"工具"按钮，弹出"工具"菜单，如图 6-3 所示。

图 6-3 "工具"菜单

（3）在"工具"菜单中选择"Internet 选项"选项，弹出"Internet 选项"对话框，如图 6-4 所示。

（4）将默认的 MSN 网站改成常用的"360 导航"网站。在"常规"选项卡"主页"栏的文本框中，输入网址导航网站的网址，如输入"https://hao.360.cn"，依次单击"应用"和"确定"按钮，完成了 IE 浏览器的主页设置，如图 6-5 所示（提示，可以添加多个 URL，或者单击"使用当前页"按钮添加当前正在查看的站点。如果添加多个 URL，需将每个 URL 放在单独的行中）。

图 6-4 "Internet 选项"对话框

图 6-5 添加 URL

说明

"主页"栏 3 个按钮的作用如下。

①使用当前页：设置当前正在浏览的网页为默认主页。

②使用默认页：设置 MSN 导航为默认主页。

③使用空白页：设置空白网页（about:blank）为默认主页。

（5）关闭 IE11 浏览器后，再打开 IE11 浏览器（或者单击右上角的小房子形状的"主页"

按钮），即可直接显示"360 导航"页面，如图 6-6 所示。

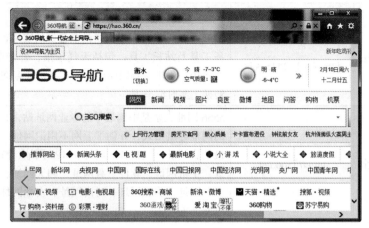

图 6-6　"360 导航"页面

网址导航有什么作用

　　网址导航收录了常用的网站，如新浪、搜狐、腾讯等大家熟悉的网址，把导航网址设为主页，即可方便快捷地打开目标网址，这是网址导航立足于互联网的一个优点。网址导航不仅有常用的网址，而且几乎包括了购物、游戏、生活、娱乐在内的互联网常用网址。如果没有网址导航，大家不可能在极短的时间内通过分类页面找到优质的网址，这种便捷不仅仅是节省时间，更重要的是它可以提供给大家优质的内容。表 6-3 中引出了部分常用网址导航网站。

表 6-3　部分常用网址导航网站

网址导航网站	网址	简介
2345 网址导航	https://www.2345.com	2345.com 热门网址导航站网罗精彩实用网址，如音乐、小说、NBA、财经、购物、视频、软件及热门游戏网址大全等，提供了多种搜索引擎入口、实用查询、天气预报、个性定制等实用功能，帮助广大网友在畅游网络时更轻松
Hao123	https://www.hao123.com	hao123 是百度（baidu.com）旗下网站，创建于 1999 年 5 月，是中国最早的上网导航站点，经过十多年的发展，已成为亿万用户上网的第一站、中文上网导航的第一品牌
360 安全网址导航	https://hao.360.cn	360 安全网址导航——最安全实用的上网导航，它及时收录包括彩票、股票、小说、视频、游戏等各种分类的优秀网站，提供最简单便捷的网上导航服务
红动素材导航	http://so.redocn.com	红动素材导航提供各行各业设计图片素材分类索引，为设计师找图片、找设计，以及下素材、模板、背景等带来极大便利
114 啦	https://www.114la.com	114 啦网址导航是最实用的上网导航，它提供多搜索引擎入口、便民查询工具、天气预报、邮箱登录、新闻阅读等上网常用服务，提供最快捷高效的导航帮助，并努力让更多优秀网站进入网民的生活，是网民上网的浏览器主页首选

网址导航网站	网址	简介
2345 网址导航实用工具	http://tools.2345.com	2345 网址导航为用户提供最全最好的实用查询工具、便民服务工具及站长工具，包括天气预报、公交查询、网速测试、万年历、手机号码归属地查询、身份证查询、IP 查询、代码转换、实时汇率等
5566 精彩网址大全	http://5566.net	5566 网址大全是中国最早的专业网址站，首创列表式无介绍的网址导航格式，开创了上网不用记网址的时代，收集最酷最精彩网址，包括音乐网址、MP3 网址、游戏网址、电影网址、手机网址、软件下载网址、聊天网址、动漫网址、爱情交友网址、明星网址、时尚网址、女性网址、笑话网址、星座网址等

2. 设置在一个窗口打开多个页面

一般新系统安装好后，默认的 IE11 浏览器一个窗口都只能打开一个页面，一旦打开的页面过多，就会很卡，拖慢计算机的运行速度，而且整个计算机桌面会显得很乱。所以，很多人习惯将 IE11 浏览器设置为在一个窗口打开多个页面，即不管打开多少页面只会在一个窗口显示，打开的网页在任务栏上只有一个，始终在新选项卡中打开弹出窗口。

（1）打开 Internet Explorer 11 浏览器，依次选择"工具"→"Internet 选项"选项，弹出"Internet 选项"对话框，如图 6-7 所示。

（2）单击中间的"选项卡"按钮，弹出"选项卡浏览设置"对话框，如图 6-8 所示。

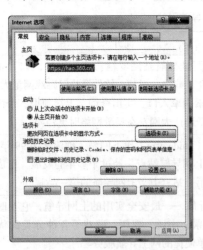

图 6-7 "Internet 选项"对话框

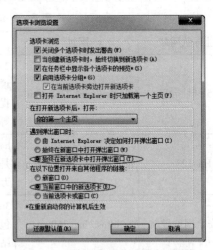

图 6-8 "选项卡浏览设置"对话框

（3）在图 6-8 中可更改 IE11 选项卡相关设置，要在一个窗口中打开多个页面，需在"遇到弹出窗口时"栏中选中"始终在新选项卡中打开弹出窗口"单选按钮；在"在以下位置打开来自其他程序的链接"栏中选中"当前窗口中的新选项卡"单选按钮，单击"确定"按钮，即可保存设置。

再次使用 IE11 浏览器打开新网页或窗口的时候，就不会弹出新窗口，而是在当前窗口多了一个新的选项卡。

3. 查找最近浏览过的网页

在上网查找资料或浏览信息时，大家经常会遇到在某个网页上浏览的内容忘记收藏，事后要找却又找不到了。其实上网浏览过的网页都是有记录的，只要近期没有深度清除计算机的上网记录，在"历史记录"中都能够查看到。

（1）打开 Internet Explorer 11 浏览器，选择"查看"→"浏览器栏"→"历史记录"选项，如图 6-9 所示。

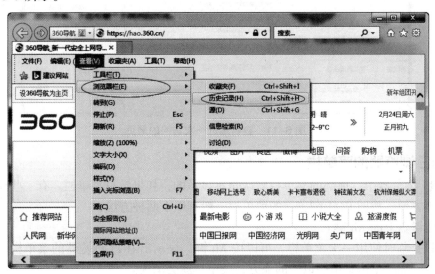

图 6-9　选择"历史记录"选项

（2）就会发现在浏览器的左侧出现"历史记录"面板，选择不同的时间段信息就可以打开曾经浏览过的网页，如图 6-10 所示。

图 6-10　"历史记录"面板

（3）对于最近一次访问的网页，也可以通过选择"工具"→"重新打开上次浏览会话"选项来打开因浏览器崩溃等原因导致的最近一次网页关闭的情况，如图 6-11 所示。

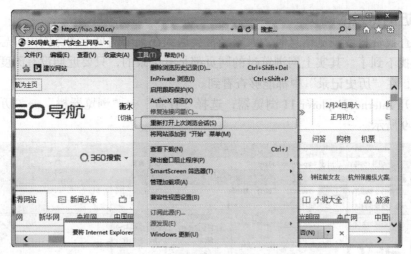

图 6-11　查看最近一次访问的网页

4. 显示 IE 浏览器的菜单栏

在 IE11 浏览器中，顶部的菜单栏默认是不显示的，如果没有菜单栏，有一些操作使用起来就会很不方便，找回 IE11 浏览器的菜单栏一般有以下两种方法。

（1）按键盘上的 Alt 键。

如果只是临时使用一次菜单栏，可以按 Alt 键，显示出 IE11 浏览器的菜单栏，菜单栏就可以使用了。如果单击菜单栏以外的地方，菜单栏就会消失。

（2）长期显示菜单栏。

打开 IE11 浏览器，在标题栏空白位置右击，然后在弹出的菜单中选择"菜单栏"选项，即可看到菜单栏已显示在 IE11 浏览器窗口中，如图 6-12 所示。这样 IE11 浏览器就会一直显示菜单栏了。

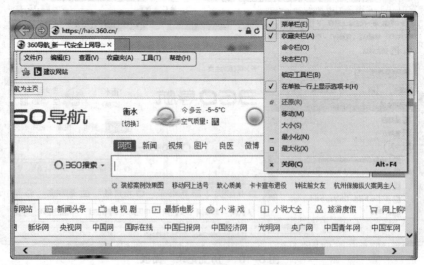

图 6-12　显示菜单栏

说明

使用同样的方法，也可以将 IE11 浏览器的收藏夹、命令栏、状态栏都显示出来。

5. 百度搜索技巧

百度是一个非常受大家欢迎的搜索引擎，大家在网上冲浪时，经常需要用百度来查找资料。但是，网上的信息很多，就算用搜索引擎搜索，搜索出的信息还是很多，很难找到需要的信息。下面介绍一些搜索技巧使大家能够快速搜索到需要的信息。

（1）排除某个关键词或包含某个关键词。

例如，利用 Baidu 搜索引擎，搜索包括关键词"华为"和"中国"，但不包括"分公司"的网页。

步骤 1： 打开 Baidu 搜索引擎主页，在 Baidu 搜索引擎的关键词输入框中输入"+ 华为 + 中国 – 分公司"，然后单击关键词输入框右面的"百度一下"按钮或直接按 Enter 键。

说明

搜索结果中必须包含特定的关键词用"+"（加号）；让搜索结果中不含有特定查询词用"–"（减号）。

【注意】

前一个关键词和减号之间必须有空格，没有空格减号会被当成连字符，即"–"前必须有空格。

步骤 2： 查看 Baidu 搜索引擎返回的搜索结果，如图 6-13 所示。

步骤 3： 选择一个搜索结果，并打开相应的网页，查看相关信息。

图 6-13　限定词（+，–）检索

（2）指定文件类型搜索。

例如，利用 Baidu 搜索引擎搜索包括关键词"计算机网络"且文件类型为 ppt 的文件。

步骤 1： 打开 Baidu 搜索引擎主页，在 Baidu 搜索引擎的关键词输入框中输入"计算机网络 filetype:ppt"，然后单击关键词输入框后面的"百度一下"按钮或直接按 Enter 键。

关键词"Filetype:"为文档类型用来查询某一类文档。可以限定查询词出现在指定的文档中，支持文档格式有 pdf、doc、xls、ppt、rtf、all（所有上面的文档格式）等 13 种文档类型，对于找文档资料相当有帮助。

【注意】

filetype: 之前必须有空格，filetype: 与后面的关键词之间没有空格。如果不限制文档格式，使用"all"即可。

步骤 2：查看 Baidu 搜索引擎返回的搜索结果，如图 6-14 所示。

步骤 3：选择一个搜索结果，并打开或保存搜索到的 .ppt 文件。

图 6-14　查询某一类文档

（3）指定搜索网站标题内容。

例如，利用 Baidu 搜索引擎搜索北京冬奥会的会徽，把搜索范围限定在网页标题中。

步骤 1：打开 Baidu 搜索引擎主页，在 Baidu 搜索引擎的关键词输入框中输入"会徽 intitle: 北京冬奥会"，然后单击关键词输入框后面的"百度一下"按钮或直接按 Enter 键。

intitle 是经常用到的高级搜索指令之一。它的含义是返回页面标题中包含有指定关键词的页面。

高级搜索指令 intitle 的使用方法是"intitle: 关键词"。需要注意的是，冒号必须是在英文半角状态下输入的。

高级搜索指令 intitle 还可以同时加双关键词。语法为"关键词 intitle: 关键词"。在这种形式中，第一个关键词需要与 intitle 之间空一格（英文状态下）。

步骤 2：查看 Baidu 搜索引擎返回的搜索结果，如图 6-15 所示。

步骤 3：选择一个搜索结果，并打开相应的网页，查看相关信息。

图 6-15　搜索范围限定在网页标题

说 明

　　网页标题通常是对网页内容提纲挈领式的归纳。把查询内容范围限定在网页标题中，有时能获得良好的效果。

　　（4）搜索完整不可拆分的关键词。

　　将关键词用 """ 双引号或《》书名号括起来，表示查询词不能被拆分，在搜索结果中必须完整出现，可以对查询词精确匹配。这样，百度就不会将关键词拆分后去搜索了，得到的结果也是完整关键词的。

　　利用双引号可以查询完全符合关键字串的网站。例如，直接输入热门游戏，会返回"热门网络游戏""热门小游戏""游戏下载"等内容，如果输入"热门游戏"，就会严格按照该词组的形式查找结果，不做任何拆分。

　　（5）指定网址搜索。

　　例如，只想看搜狐网站上的财经新闻。

　　步骤 1：打开 Baidu 搜索引擎主页，在 Baidu 搜索引擎的关键词输入框中输入"财经 site:sohu.com"，然后单击关键词输入框后面的"百度一下"按钮或直接按 Enter 键。

说 明

　　如果想知道某个站点中是否有自己需要找的东西，可以使用 site，其格式为"关键词 site: 网址"。

　　在一个网址前加 "site:" 指定网站内搜索，可以限制只搜索某个具体网站、网站频道、或某域名内的网页。对于一些不提供站内搜索功能或站内搜索效果不佳的网站相当实用。

【注意】

　　"site:"后面跟的站点域名，不要带 "http://"；另外，site: 和站点名之间，不要带空格。

　　步骤 2：查看 Baidu 搜索引擎返回的搜索结果，如图 6-16 所示。

　　步骤 3：选择一个搜索结果，并打开相应的网页，查看相关信息。

图 6-16　在特定网站内搜索

（6）百度高级搜索。

百度高级搜索页面上集成了所有的高级语法，用户不需要记忆语法，只需要填写查询词和选择相关选项就能完成复杂的语法搜索，如图 6-17 所示。

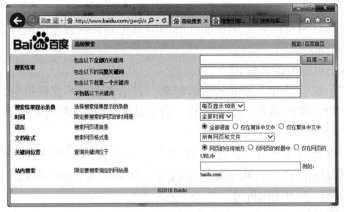

图 6-17　百度高级搜索

通过访问 http://www.baidu.com/gaoji/advanced.html 网址，可以进入百度的高级搜索页面；也可以通过选择百度首页的"设置"下拉菜单中的"高级搜索"选项，使用百度的高级搜索功能，如图 6-18 所示。

图 6-18　百度首页的"设置"下拉菜单

用百度高级搜索将本节的例子重新搜索，查看搜索结果。

【提个醒】

选择查询词时要注意以下几点。

（1）简单明确：每个查询词都应该使目标更加明确，尽量减少无关重复的词语。

例如，"简简单单不复杂又好听的网名"作为查询词，太长，完全符合条件的结果可能较少；将其改为"简单的网名"，效果更好。

（2）使用多个词语搜索。

例如，用"我想看暑假最多人喜欢的电影"作为查询词，太长，完全符合条件的结果可能较少；将其改为"暑期 热门 电影"，效果更好（关键词中间要留空格）。

（3）使用网页中经常出现的语言。

采用网络中比较常用的词汇作为查询词，才能得到优质结果，多留意网络上出现的词，尽量用准确的关键词来表达信息，会大大提高搜索的准确率。

例如，用"来电声音"或"来电铃声"作为关键词，不如用"手机铃声"更准确。

6.1.4　拓展知识

1. 网络搜索引擎

互联网搜索引擎是万维网中的特殊站点，专门用来帮助人们查找存储在其他站点上的信息。搜索引擎功能可以查询到文件或文档存储在什么位置。

网络搜索是指利用搜索引擎（如百度）对互联网上的信息进行搜索。用户输入关键词进行检索，搜索引擎从索引数据库中找到匹配该关键词的网页；为了用户便于判断，除了网页标题和 URL 外，还会提供一段来自网页的摘要及其他信息。

用什么搜索引擎取决于用户想搜索的内容，因为不同搜索引擎的用户群是不一样的，搜索给出的结果侧重点也是不一样的。表 6-4 中汇总了部分国内的搜索引擎网址与简介，可试着用不同的搜索引擎来体验不同的特色。

表 6-4　部分国内的搜索引擎

搜索引擎	网址	简介
百度	https://www.baidu.com	百度是全球最大的中文搜索引擎、最大的中文网站。2000 年 1 月由李彦宏创立于北京中关村，致力于向人们提供"简单，可依赖"的信息获取方式。"百度"二字源于中国宋朝词人辛弃疾的《青玉案·元夕》词句"众里寻他千百度"，象征着百度对中文信息检索技术的执着追求
搜狗搜索	https://www.sogou.com	搜狗是搜狐公司的旗下子公司，于2004 年 8 月 3 日推出，目的是增强搜狐网的搜索技能，主要经营搜狐公司的搜索业务。在搜索业务的同时，也推出搜狗输入法、搜狗高速浏览器
360 搜索	https://www.so.com	360 搜索是奇虎 360 公司开发的基于机器学习技术的第三代搜索引擎，具备"自学习、自进化"能力和发现用户最需要的搜索结果

搜索引擎	网址	简介
爱问	https://iask.sina.com.cn	爱问是新浪用两年时间研发的新型搜索引擎，与百度、知道等产品有相同的功用。新浪爱问是新浪完全自主研发的搜索产品，充分体现人性化应用的产品理念，为广大网民提供全新搜索服务。爱问致力于把其定位成一项真正能帮助广大网民解决问题的服务。爱问的宗旨是：用户可以在这个平台上无所不问，而爱问的最终诉求则是能做到有问必答
搜搜	http://www.soso.cn	搜搜是腾讯旗下的搜索网站，是腾讯主要的业务单元之一。网站于 2006 年 3 月正式发布并开始运营。搜搜目前已成为中国网民首选的三大搜索引擎之一，主要为网民提供实用便捷的搜索服务，同时承担腾讯全部搜索业务，是腾讯整体在线生活战略中重要的组成部分之一
微软 Bing（必应）	https://cn.bing.com/	微软 Bing 搜索是国际领先的搜索引擎，为中国用户提供网页、图片、视频、词典、翻译、地图等全球信息搜索服务

2. 统一资源定位符（URL）

在浏览器中访问资源时，在地址栏中可以输入 URL 来进行定位。URL 是进入因特网后查阅信息的有效途径，URL 地址由传输协议、域名（IP 地址）、文件路径和文件名组成。传输协议与域名用":/\/"隔开。

统一资源定位符（Uniform Resource Locator，URL）是对可以从互联网上得到资源的位置和访问方法的一种简洁的表示，是互联网上标准资源的地址。互联网上的每个文件都有一个唯一的 URL，它包含的信息指出文件的位置及浏览器应该怎样处理它。

URL 的格式为：

协议 ://IP 地址或域名 / 路径 / 文件名

例如，http://www.baidu.com/index.html 就是一个完整的 URL 例子。

第一部分：协议，如 http。

协议名用来标识以哪一种协议访问资源库，最常用的协议是超文本传输协议（Hypertext Transfer Protocol，HTTP），HTTP 允许将超文本标记语言（HTML）文档从 Web 服务器传送到 Web 浏览器。HTML 是一种用于创建文档的标记语言，这些文档包含到相关信息的链接。用户可以单击一个链接来访问其他文档、图像或多媒体对象，并获得关于链接项的附加信息。

协议如下。

http——超文本传输协议。

https——HTTP 协议的安全加强版。

ftp——文件传输协议。

Mailto——电子邮件协议。

telnet——远程登录协议。

第二部分：域名，如 www.baidu.com。

域名用来表示一个单位、机构或个人在 Internet 上确定的名称或位置。域名的目的是便于记忆和沟通的一组服务器的地址（网站、电子邮件、FTP 等）。

一个完整的域名由两个或两个以上的部分组成，各部分之间用英文的句号"."来分隔，最后一个"."的右边部分称为顶级域名（TLD，也称一级域名），最后一个"."的左边部分称为二级域名（SLD），二级域名的左边部分称为三级域名，以此类推，每一级的域名控制它下一级域名的分配。

顶级域名常见的有两类：一类是地理顶级域名，共有 243 个国家和地区的代码，如 .CN 代表中国、.JP 代表日本、.UK 代表英国等；另一类是类别顶级域名，共有 7 个，如 com 表示商业组织及公司、edu 表示教育机构、gov 表示政府部门、int 表示国际组织、mil 表示美国军事机构、net 表示网络服务商、org 表示非营利组织。

第三部分：路径和文件名。

路径（path）：指明服务器上某资源的位置，其格式与 DOS 系统中的格式一样，通常有目录 / 子目录 / 文件名这样结构组成。

人们通常在浏览器输入 www.baidu.com 就可以访问到对应的资源，事实上是浏览器帮忙补全了剩下的部分。

例如，协议，默认会补充 http；根目录，输入 www.baidu.com 就相当于输入 www.baidu.com/；路径，如果只输入了目录而没有文件名，如前面只输入了 www.baidu.com/ 目录，会自动在后面补充一个默认文件名，通常是 index.html 或 default.htm。最后一个目录中的默认文件通常对应于主页，这个文件常常被称为 index.html 或 default.htm。

所以用户输入"www.baidu.com"，其实从浏览器发出去的 URL 已经补充为"http://www.baidu.com/index.html"。

‖‖‖‖‖‖‖‖‖‖‖‖‖‖‖ 思考与实训 ‖‖‖‖‖‖‖‖‖‖‖‖‖‖‖

练习与思考

选择题

1.万维网（WWW）信息服务是 Internet 上的一种最主要的服务形式，它进行工作的方式是基于（   ）。

A.单机　　　　　　　B.浏览器 / 服务器　　　C.对称多处理器　　　　D.客户机 / 服务器

2.统一资源定位符 URL 的格式是（   ）。

A.协议 ://IP 地址或域名 / 路径 / 文件名

B.协议 :// 路径 / 文件名

C.TCP/IP

D.HTTP

3.IE 11 是一个（   ）。

A.操作系统平台　　　B.浏览器　　　　　　　C.管理软件　　　　　　D.翻译器

4.万维网的网址以 http 为前导，表示遵从（   ）协议。

A.超文本传输　　　　B.纯文本　　　　　　　C.TCP/IP　　　　　　　D.POP3

5.Internet 网站域名地址中的 GOV 表示（   ）。

A.政府部门　　　　　B.商业部门　　　　　　C.网络机构　　　　　　D.非营利组织

6.以下（   ）不是顶级域名。

A.net　　　　　　　　B.edu　　　　　　　　C.www　　　　　　　　D.CN

7. Internet 和 WWW 的关系是（　　　）。

A. 都表示互联网，只是名称不同　　　　B.WWW 是 Internet 上的一个应用功能

C.Internet 和 WWW 没有关系　　　　　D.WWW 是 Internet 上的一个协议

8. WWW 的作用是（　　　）。

A. 信息浏览　　　　B. 文件传输　　　　C. 收发电子邮件　　　　D. 远程登录

9.URL 的作用（　　　）。

A. 定位主机地址　　　　　　　　　　B. 定位网页地址

C. 域名与 IP 的子转换　　　　　　　D. 表示电子邮件地址

10. 域名和 IP 地址之间的关系是（　　　）。

A. 一个域名对应多个 IP 地址　　　　B. 一个 IP 地址对应多个域名

C. 域名与 IP 地址没有关系　　　　　D. 一一对应

技能实训

1. 小游戏

（1）同桌两位同学，其中一位上网浏览网页，另一位查他到过哪些网站，然后角色交换。

（2）同桌两位同学，其中一位上网浏览网页后清除历史记录，另一位查他是否完成这个任务。

2. 讨论主页和主页按钮的区别

通过观察，说出网页中的"主页"选项和浏览器工具栏中的"主页"按钮有什么不相同？小组进行讨论，使之明白网页中的主页是网站的第一页，它是由网站开发人员制作和确定的。而浏览器的主页是指启动浏览器时自动显示的那个网页，它是可以自己设置的。

3. 信息检索

（1）查找含有"2012 年奥运会中国代表团"的 PDF 格式资料，写出检索式（可用检索页面截屏表示），并把检索结果首页截屏提交。

（2）查找在网页标题中含有"世博会中国馆"的 PDF 格式的资料，写出检索式（可用检索页面截屏表示），并把检索结果首页截屏提交。

（3）在国家商务部网站（www.mofcom.gov.cn）中搜索"对外贸易"相关内容，写出检索式（可用检索页面截屏表示），并把检索结果首页截屏提交。

（4）使用百度识图功能识别图片，右边这个图片是哪个国家的旅游景区？

任务2 互联网+购物

现在人们对于知识信息的获取已经越来越多地依赖于网络，人们在日常生活中也越来越多地依赖于网络，如微信支付、QQ 快传、滴滴打车、支付宝转账、网络购物、手机导航等，很多功能已经与人们的生活息息相关。

6.2.1 任务描述

小明在与客户接触过程中，经常有许多人咨询怎样进行网上购物，为了搞好服务，小明的任务是理解网上购物的相关知识，掌握网购的操作，掌握网上购物的基本流程。

6.2.2 知识背景

1. 购物网站

购物网站就是一种购买日常用品的网站，是一个可以购买书籍、服饰、鞋帽、玩具、软件、唱片、家电等并且送货上门的购物平台，它是互联网、银行、现代物流业发展的产物。购物网站为买卖双方交易提供互联网平台，卖家可以在网站上登出其想出售商品的信息，买家可以从中选择并购买自己需要的物品。

近些年，随着网民对网络购物的接受度提高，第三方支付工具的飞速发展，加上智能手机的普及和应用，网络购物已经成为一种时尚。尤其是对于青年一代 80、90 后，网购更是生活必不可少的一种方式。

一个好的购物网站除了需要销售好的产品之外，更要有完善的分类体系来展示产品，分类目录运用根目录和子目录相配合的形式来管理产品，图 6-19 所示为某购物网站的产品分类。所有需要销售的产品都通过相应的文字和图片来说明，顾客可以通过单击产品的名称来阅读它的简单描述和价格等信息，如图 6-20 所示。

图 6-19 某购物网站的产品分类

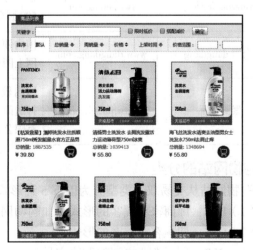

图 6-20 商品列表

不同的购物网站有不同的特色。例如，要是买衣服就选择在天猫，质量售后都是有保障的，客服服务态度也好；要是买手机数码类的，就会选择在京东，因为京东是做数码起家的，而且是自营的商品，对于商品的正品保障更值得信赖；要是买书，就选择在亚马逊，因为书是自营的；还有就是淘宝了，淘宝就是让你淘，物品多，价格便宜。

用户进行网上购物时，要尽量选择信誉、售后服务、商品质量都口碑好的网站，表 6–5 所示为部分知名购物网站。

表 6–5　部分知名购物网站

购物网站	网址	简介
天猫 Tmall	www.tmall.com	阿里巴巴集团旗下，原名淘宝商城，是中国线上购物的地标网站，国内 B2C 购物行业领导型品牌
京东 JD	www.jd.com	著名综合性 B2C 购物平台，是以电商为核心，拓展金融及技术支撑的新型业务体系的互联网公司，配备领先仓储设施的电商企业
苏宁易购 SUNING	www.suning.com	苏宁云商旗下领先的 B2C 网上购物平台，国内较大的数码家电类购物与咨询的 B2C 网站
唯品会	www.vip.com	专注特卖的 B2C 网购平台，领先的名牌时尚折扣网，极具价值的电子商务企业，融入了 SNS 模式的新型网购网站
淘宝网	www.taobao.com	阿里巴巴旗下购物平台，国内领先的个人交易网上平台，世界范围内的电子商务交易平台
国美在线 GOME	www.gome.com.cn	大型 B2C 跨品类综合性网上商城，由国美电器网上商城和库巴网两大电商平台整合而成，独立品牌 / 独立网站 / 独立运营模式下的电商平台
1 号店	www.yhd.com	国内首家以自营模式试水生鲜领域的综合电商平台，大型网上超市，纽海信息技术（上海）有限公司
Amazon 亚马逊	www.amazon.cn	创立于 1995 年，全球商品品种最多的网上零售商，财富 500 强公司，全球最大的电子商务公司之一
当当 dangdang	www.dangdang.com	国内领先的 B2C 网上商城，中国较大的中文图书网上商城，网上图书零售市场的引领者
聚美优品	www.jumei.com	国内较大的化妆品限时特卖商城，首创化妆品团购模式，打造简单 / 有趣 / 值得信赖的 B2C 网站，北京创锐文化传媒有限公司

2. 购物网站的分类

购物网站从交易双方类型分为以下 5 种形式。

（1）B2C：即商家对顾客的形式（如购物网）。

（2）C2C：即顾客对顾客的形式。

（3）B2B：用于企业之间的购物交易。

（4）B2F：指电子商务按交易对象分类中的一种，即表示商业机构对家庭消费的营销商务、引导消费的行为。

（5）O2O：即线下实体店和线上网上商城的结合，消费者可以通过在网上购买，再到线下实体店验货、提货。

网上购物的途径有 C2C 平台、B2C 平台，以及独立的网络商城和团购网站等。目前国内购物 C2C 网站有拍拍网等，团购网站有 58 同城、拉手网、美团网等，B2C 网站有京东商城、苏宁易购等。无论是通过哪种方式实现网络购物，都需要在购物网站上先注册一个账号，然后才能选购自己需要的商品，按照提示的操作流程操作即可。

3. 网上购物导航

随着网上购物市场的发展速度明显加快，数千家购物网站应运而生，众多的购物网让消费者不知所措。因此网购导航应运而生，它们收集众多正规诚信商城，解决用户需要记忆繁多商城地址的烦恼。

网上购物导航这个名词由网址导航派生而来，就像网址导航（Web Guide）的产生过程一样，面对众多的商品、商家，如何迅速找到信用度高、服务态度好、商品质量高的商家，已成为人们关心的问题。这样，一些网上商城导航站应运而生。

与传统的网址导航站所采用的"主动提供网址 + 搜索 + 自助链接"的模式不同，网上商城导航站一般采用购物平台模式，如 B2B、B2C、C2C，这些模式不仅在 B2C、C2C 的基础上融合 3D 技术，还提供购物资讯、打折、促销等信息，以及 O2O 服务平台。

1）导航功能的特点

（1）提供了全面、详细的网上购物入口，轻松实现快捷购买。

（2）可以通过不同分类进行导航，用最方便、最快捷的方式找到用户需要的网站与商品。

（3）提供了网上购物所需的各种工具与网站，满足用户的各种购物需求。

（4）专业性很强（B2B、B2C、C2C、O2O、促销打折信息等），排列顺序分明。

（5）专业性更强，网站集成了相关的购物网址和信息查询，让网民使用起来更加方便。

（6）避免不正规的网站出现，给网民一个正确的窗口，增加购物的安全性。

2）网购导航网站的分类

由于互联网近年在中国的迅猛发展，以及网上购物本身优势带来网购市场空前的繁荣，迫使众多卖家急需找到更多的展示平台为自己打开销量，而买家也被剧增的 B2C、C2C 平台模式弄得眼花缭乱。在这种大背景下，网购导航应运而生，它们大致分为以下 6 类。

第一类：综合性较强导航网站。

第二类：专业性较强的返利网站。

第三类：品牌购物导航网站。

第四类：免费收录正品网店的正规导航。

第五类：购物返利推广赚提成类购物导航。

第六类：电商社区购物导航。

其中，第四类给了中小型 B2C、C2C、团购网站生存的空间。首先它免费收录各大正品网店，只要是符合一定的要求，就会免费收录，不论是老站还是新站。而社区类购物导航则使"中国电商企业"与"消费者"之间的全面互动及有效交流、网络营销平台的有效建立、企业信息资讯、活动资讯、折扣信息、站点导航、产品导航、广告视频图片、企业微电影、社交网络游戏、社区招聘、赏金任务、网络模特、在线支付等成为一体的企业营销平台。

4. 网购技巧

网上购物是指通过互联网检索商品信息，并通过电子订购单发出购物请求，然后填上信用卡的号码，厂商通过邮购的方式发货，或者通过快递公司送货上门。国内的网上购物的付款方式是款到发货（直接银行转账或在线汇款）、担保交易（腾讯财付通等的担保交易）或货到付款等。网上购物主要有以下几种。

1）网购导航

（1）利用网购导航进行网购，如先登录收集正规诚信商城的 114 搜购。

（2）要选择信誉好的网上商店，以免被骗。

（3）购买商品时，付款人与收款人的资料都要填写准确，以免收发货出现错误。

（4）用银行卡付款时，最好卡中不要有太多的金额，防止被不诚信的卖家划拨过多的金额。

（5）遇上欺诈或其他受侵犯的事情可在网上找网络警察处理。

2）图片链接

（1）看。仔细看商品图片，分辨是商业照片还是店主自己拍的实物照片，而且还要注意图片上的水印与店铺名是否一致，因为很多店家都在盗用其他人制作的图片。

（2）问。通过阿里旺旺询问产品相关问题，一是了解他对产品的了解，二是看他的态度，如果人品不好，就要考虑是否买他的商品。

（3）查。查店主的信用记录。看其他买家对此款或相关产品的评价。如果有中差评，要仔细看店主对该评价的解释。

另外，也可以用阿里旺旺来咨询已买过该商品的人，还可以要求店主视频看货。原则上是不要迷信钻石皇冠，如果规模很大，又有很多客服，就要分外小心，坚持使用支付宝交易。

3）返利网

通过返还网进行购物，这样既能有质量保障又能得到更多实惠。

返还网是指作为第三方与某品牌网站合作，只要有买家从返还网进入该品牌网站购物，那么，该品牌网就要给返还网佣金，而返还网就把所得佣金的大部分返还给买家，这就是所谓的返现。

现在网络上的返还网很多，做得不错的有惠集网、返还网、砍价网、返利网、QQ 返利、米折网享、优惠等。

4）搜索引擎

通过搜索引擎查找商品，购物搜索网站收录的卖家产品一般都是企业或工厂开的网上店铺，具有产品质量保证，通过购物搜索引擎可以比较卖家支付方式、送货方式、卖家对商家信誉服务态度评论，也可查看卖家所在地到线下自行提货。这是一种新的购物选择方式，目前知道的人较少，不过挺方便。

5）实体店体验

通过实体店体验，如果感觉商品不错，再到网上下单购买，通过这样一种线下体验、网上支付的模式，使消费者花最少的钱就能买到自己满意的商品。

6.2.3　动手实践

网上购物体验

网上购物时，用户要根据自己的需求，在购买前先了解产品的性能、价格等信息，通过对比，初步鉴别产品相关信息的真伪，再做决定。

小明在工作中需要一个 U 盘，来存放常用的工具软件等工作中的资料，下面亲自体验在淘宝网上购物，为小明买到满意的 U 盘。

1）用户注册

（1）在浏览器地址栏中输入淘宝网的域名地址（www.taobao.com），进入淘宝网首页，如图 6-21 所示。

图 6-21　淘宝网首页

（2）如果是第一次使用淘宝网购物，要注册成为电子商城的会员，单击"注册"按钮，弹出"注册协议"对话框，如图 6-22 所示。

图 6-22　"注册协议"对话框

（3）单击"同意协议"按钮，进入"用户注册"界面，如图6-23所示。

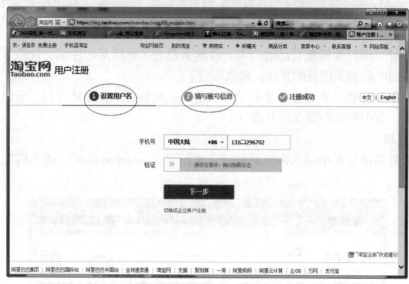

图6-23 "用户注册"界面

（4）在图6-23中，提示注册淘宝用户需要两个步骤，一个是"设置用户名"，另一个是"填写账号信息"。在"手机号"文本框中输入自己的手机号，在"验证"栏提示："按住滑块，拖动到最右边"，按提示操作验证通过后，单击"下一步"按钮，进入"验证手机"界面，如图6-24所示，同时，注册的手机号会收到"校验码"短信。

（5）在图6-24中，输入短信中收到的验证码，单击"确认"按钮，进入到"填写账号信息"界面，如图6-25所示。

（6）在图6-25中，输入"登录密码""密码确认""登录名"等信息后，单击"提交"按钮，完成用户注册。

图6-24 "验证手机"界面

图6-25 "填写账号信息"界面

2）查找商品

（1）在淘宝网首页中，单击"登录"按钮，先进入登录界面，如图6-26所示。

（2）在图6-26中可选择"扫一扫登录"或"密码登录"等登录方式。"密码登录"为PC端登录，单击页面右上角的图标或页面下面的"密码登录"链接，弹出"密码登录"对话框，如图6-27所示。

图 6-26　登录页面

图 6-27　"密码登录"对话框

（3）在图 6-27 中输入"用户名"（可用会员名/邮箱/手机号）和密码后，单击"登录"按钮，返回淘宝网首页。

（4）如图 6-28 所示，在"淘宝网首页"页面搜索框中，输入想要购买商品的关键词或相应名称"U盘"，根据下拉菜单中提示选取搜索关键字，也可直接利用输入的关键词搜索，单击"搜索"按钮，进入如图 6-29 所示的商品选择页面。

图 6-28　"淘宝网首页"页面搜索框

图 6-29　商品选择页面

商品选择页面分为上下两部分，上部分为商品筛选，通过选择品牌、内存容量、选购热点、USB类型等分类选项，可逐渐缩小选择的范围。单击右上角"收起筛选"按钮，可折叠左侧的分类选项。大家也可试试点击右侧的"多选"按钮和"更多"，看看出现什么效果。

下部分为店铺列表，在列表页单击某一类别宝贝即可打开整个店铺此类目下所有宝贝的页面。

宝贝详情页面是指单击某一宝贝即可打开展示此宝贝所有相关信息的页面。

在淘宝店铺的宝贝详情页面中除了有商品名称、价格、图片等总体情况的介绍，以及购买的颜色、数量等的选择和掌柜档案的介绍外，还有以宝贝详情、评价详情、成交记录、掌柜推荐、付款方式、售后服务等为主题来介绍商品及其购买的方式。通过文字及图片展示使顾客对商品有大概的了解，然后淘宝为顾客提供店铺掌柜的信用程度、好评率、店铺动态评分、成交情况，以及已成交客户的评价等多方面信息，使顾客能够综合考虑各方面因素，做出购买决定。

（5）在商品选择页面比较商品的品牌、价格、性能等各项指标；单击商品图片，可以进入宝贝详情页面，如图 6-30 所示。

图 6-30　宝贝详情页面

（6）在宝贝详情页面可以了解商品的详细性能参数、规格、价格、服务、物流配送等综合信息，决定购买后，单击图 6-30 中的"加入购物车"按钮，将该商品加入购物车。

阿里旺旺是阿里巴巴推出的一款购物聊天软件。为保障用户的购物沟通安全，能直接和卖家交流选好的宝贝，或者相互交流网购体验，在淘宝网购物一般都要下载安装"阿里旺旺"作为聊天客户端程序。

阿里旺旺是专为淘宝会员量身定做的个人交易沟通软件，方便买家和卖家在交易过程实时进行沟通，如进行文字聊天、语音聊天、视频聊天、文件传输、发送离线文件等。

3）支付购买

（1）查看购物车。点击图 6-30 中右侧的"购物车"标签，即可查看放入购物车的商品信息，如图 6-31 所示。

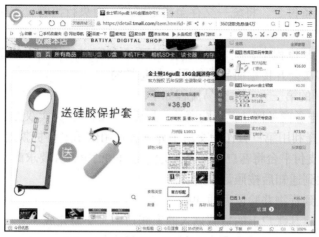

图 6-31 查看放入购物车的商品信息

（2）选择商品提交订单。在图 6-31 中，选好商品后单击"结算"按钮，弹出如图 6-32 所示的"确认订单信息"页面。

（3）在图 6-32 中，详细填写收货人信息、付款方式、发票信息、配送方式等信息。如有备注信息，请在下方的"备注信息"中留言，留言不得超过 15 个字。填写信息确认无误后单击"提交订单"按钮，进入"我的收银台"页面，如图 6-33 所示。

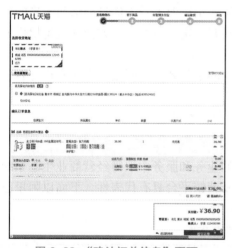

图 6-32 "确认订单信息"页面

图 6-33 "我的收银台"页面

（4）在图 6-33 中按提示输入"卡号"等信息，通过电子支付结算账单。

（5）购物完成，等待商家送货。

6.2.4 拓展知识

1. 第三方支付

第三方支付是指具备一定实力和信誉保障的独立机构，采用与各大银行签约的方式，通过与银行支付结算系统接口对接而促成交易双方进行交易的网络支付模式。

2017 年 1 月 13 日下午，中国人民银行发布了一项支付领域的新规定《中国人民银行办公厅关于实施支付机构客户备付金集中存管有关事项的通知》，明确了第三方支付机构在交易过程中产生的客户备付金，将统一交存至指定账户，由央行监管，支付机构不得挪用、占用客户备付金。

在第三方支付交易流程中，支付模式使商家看不到客户的信用卡信息，同时又避免了信用卡信息在网络上多次公开传输而导致信用卡信息被窃。

以 B2C 交易为例的第三方支付交易流程如下。

第一步：客户在电子商务网站上选购商品，最后决定购买，买卖双方在网上达成交易意向。

第二步：客户选择利用第三方作为交易中介，客户用信用卡将货款划到第三方账户。

第三步：第三方支付平台将客户已经付款的消息通知商家，并要求商家在规定时间内发货。

第四步：商家收到通知后按照订单发货。

第五步：客户收到货物并验证后通知第三方。

第六步：第三方将其账户上的货款划入商家账户中，交易完成。

中国国内的第三方支付产品主要有支付宝、微信支付、百度钱包、PayPal、中汇支付、拉卡拉、财付通、融宝、盛付通、腾付通、通联支付、易宝支付、中汇宝、快钱、国付宝、物流宝、网易宝、网银在线、环迅支付 IPS、汇付天下、汇聚支付、宝易互通、宝付、乐富等。

说明

第三方支付平台与网上银行的区别如下。

（1）网银和第三方支付平台在本质上的区别是，网上银行是指通过信息网络开办业务的银行，指银行通过信息网络提供的金融服务，包括传统的银行业务及因信息网络而带来的新兴业务。而第三方支付平台则是一些与银行签约，并具有一定实力的第三方独立机构提供的交易支付平台。

（2）第三方支付平台作为客户与商户直接资金流动的中间者，而网银是直接商户与客户的资金流动。

（3）第三方支付平台支付后可以撤回资金，网银支付后不可以撤销。

2. 阿里巴巴集团的业务范畴

阿里巴巴集团经营多项业务，另外也从关联公司的业务和服务中取得经营商业生态系统上的支援。由于阿里巴巴集团提供的互联网基础设施及营销平台具有代表性，下面以阿里巴巴集团的业务范畴为例来了解网上购物业务，如表 6-6 所示。

表 6-6　阿里巴巴集团的业务范畴

业务范畴	网址	业务介绍
淘宝网	www.taobao.com	中国最大的移动商务平台，创立于 2003 年，是以商务为导向的社交平台，通过大数据分析为消费者提供既有参与感又有个性化的购物体验。在淘宝网上，消费者能够从商家处获取高度相关、具有吸引力的内容及实时更新，从而掌握产品与潮流资讯并与其他消费者或喜爱的商家和品牌互动。平台上的商家主要是个体户和小企业
天猫（Tmall）	www.tmall.com	天猫（Tmall，又称天猫商城）原名淘宝商城，是一个综合性购物网站。2012 年 1 月 11 日上午，淘宝商城正式宣布更名为"天猫"。天猫是马云淘宝网全新打造的 B2C（商业零售）。它整合数千家品牌商、生产商，为商家和消费者之间提供一站式解决方案

续表

业务范畴	网址	业务介绍
聚划算	https：//ju.m.taobao.com	淘宝聚划算是阿里巴巴集团旗下的团购网站，是淘宝网的二级域名，该二级域名正式启用时间是在 2010 年 9 月。淘宝聚划算依托淘宝网巨大的消费群体，2011 年启用聚划算顶级域名，官方公布的数据显示其成交金额达 100 亿元，帮助千万网友节省超过 110 亿，已经成为展现淘宝卖家服务的互联网消费者首选团购平台，确立国内最大团购网站地位
一淘网	www.etao.com	一淘网是阿里巴巴集团旗下的促销类导购平台，成立于 2010 年。它立足淘宝网、天猫、飞猪等阿里巴巴集团的丰富商品基础，通过返利、红包、优惠券等丰富的促销利益点，为用户提供高性价比的购物体验，是用户必不可少的网购利器
阿里巴巴（1688）	www.1688.com	中国领先的网上批发平台，1688 原来称为"阿里巴巴中国交易市场"，创立于 1999 年，是中国领先的网上批发平台，覆盖普通商品、服装、电子产品、原材料、工业部件、农产品和化工产品等多个行业的买家和卖家。1688 为阿里巴巴集团旗下业务，它为在其零售平台经营业务的商家，提供了从本地批发商采购产品的渠道
全球速卖通（AliExpress）	www.aliexpress.com	为全球消费者而设的零售平台，全球速卖通（www.aliexpress.com）创立于 2010 年，是为全球消费者而设的零售平台，其主要买家市场包括俄罗斯、美国、巴西、西班牙、法国和英国。世界各地的消费者可以通过全球速卖通直接从中国制造商和分销商购买产品
阿里巴巴国际交易市场（Alibaba）	www.alibaba.com	目前是领先的全球批发贸易平台。阿里巴巴国际交易市场是阿里巴巴集团最先创立的业务，其平台上的买家来自全球 200 多个国家和地区（截至 2017 年 3 月 31 日），一般是从事进出口业务的贸易代理商、批发商、零售商、制造商及中小企业。阿里巴巴国际交易市场同时向其会员及其他中小企业提供通关、退税、贸易融资和物流等进出口供应链服务
阿里妈妈	www.alimama.com	阿里妈妈创立于 2007 年，是让商家和品牌在阿里巴巴集团旗下电商平台及第三方平台投放各类广告信息的网上营销技术平台。它通过其联盟营销计划，让商家在第三方网站和手机客户端投放广告，从而令营销和推广效果触达阿里巴巴集团电商平台以外的平台和用户
口碑网	www.koubei.com	口碑网成立于 2004 年，2006 年阿里巴巴注资口碑网，2015 年 6 月 23 日阿里巴巴集团与蚂蚁金服集团双方整合资源重塑，联手打造一家互联网本地生活服务平台。公司以"生态模式"向线下扩张，平台开放支付、会员、营销、信用、社交关系链等九大接口，引入更多的系统商、服务商共同为线下商家提供价值，覆盖餐饮、超市、便利店、外卖、商圈、机场、美容美发、电影院等八大线下场景，遍及全国 200 多个城市和澳大利亚、亚洲及港澳台等 12 个国家与地区

业务范畴	网址	业务介绍
阿里云	www.alibabacloud.com	全球三大 IaaS 供应商之一，阿里云创立于 2009 年，为阿里巴巴集团旗下的云计算业务。Gartner 及 IDC 的资料分别显示，阿里云是全球三大基础设施（即服务（IaaS）供应商）之一及中国最大的公共云服务供应商。阿里云向阿里巴巴集团电商平台上的商家，以及初创公司、企业与政府机构等全球用户提供一整套云计算服务。阿里云为奥运会官方云服务供应商
菜鸟网络		菜鸟网络为物流数据平台运营商，是阿里巴巴集团旗下业务，致力于满足现在及未来中国网上和移动商务业在物流方面的需求。菜鸟网络经营的物流数据平台运用物流合作伙伴的产能和能力，大规模实现商家和消费者之间的交易。此外，菜鸟网络使用数据洞察和科技来提高整个物流价值链的效率
蚂蚁金服		蚂蚁金融服务集团专注于服务小微企业与普通消费者，它正在打造一个开放的生态系统，与金融机构一起共同为未来社会的金融提供支撑。蚂蚁金融服务集团旗下业务包括支付宝、蚂蚁聚宝、芝麻信用和网商银行等

3. 移动电商

移动电子商务是指利用手机、PDA 及掌上电脑等无线终端进行的 B2B、B2C 或 C2C 的电子商务。它将因特网、移动通信技术、短距离通信技术及其他信息处理技术完美的结合，使人们可以在任何时间、任何地点进行各种商贸活动，实现随时随地、线上线下的购物与交易、在线电子支付，以及各种交易活动、商务活动、金融活动和相关的综合服务活动等。

4. 网上店铺

网上店铺也称网店，是通过网络进行购买，并已快递的方式进行配送的店铺。它可以节省出去逛街的时间来做其他事情，方便了人们的生活。网店作为电子商务的一种形式，是一种能够让人们在浏览的同时进行实际购买，并且通过各种支付手段进行支付完成交易全过程的网站。

传统的进货—订单—发货模式需要耗费时间和体力出门进货，同时也要承担过季商品积压的风险，因此一些网店代销平台开始兴起，它提供了一种更加简捷的模式。通过这个平台，网店店主无须自己出门进货，甚至不用自己发货，只有当网店有订单时，将订单信息提交给代销平台即可。因为这种模式有其独特的优势，受到不少网店店主和品牌企业的重视，也许在不久的将来，甚至连世界顶级汽车品牌宝马、奔驰这样的企业也会允许个人网店销售其产品。

5. 互联网 + 生活

在"互联网 +"的时代背景下，互联网与传统行业结合，人们的吃住行、游购娱都被商家扩充在互联网上，随着互联网衍生成移动互联网，人们可随时随地享受各种服务。例如，以携程、去哪儿、途牛等为首的网站，将整个旅游行业几乎搬上了互联网，其中包括门票、机票、车票、酒店、旅游线路等一站式旅行服务，让出游者能以更低的成本选择适合自己的产品；人们可以随时随地利用手机看新闻、查天气、翻阅手机里的电子书、股票、新闻等。

"互联网 +"在不断改变人们的生活方式,"互联网 +"对人们生活的改变已经渗透到了衣、食、住、行的方方面面。

互联网改变了人们的生活方式与工作方式,它在给人们的生活与工作带来便利的同时,也带来了一些安全隐患。正所谓"水能载舟,亦能覆舟",对待互联网要有正确的态度。既要利用它的"利"来丰富生活内容和提高工作效率,也要看到它的"弊",防微杜渐。网络是一把双刃剑,只有去弊兴利才能充分发挥其对人类文明的积极作用。

‖‖‖‖‖‖‖‖‖‖‖‖‖‖‖ 思考与实训 ‖‖‖‖‖‖‖‖‖‖‖‖‖‖‖

练习与思考

选择题

1. 淘宝商城(天猫)属于(　　)电子商务交易模式。

A.B2B　　　　　　　B.B2C　　　　　　　C.C2C　　　　　　　D.B2G

2. 以下(　　)支付方式适合 B2B 交易模式。

A. 在线转账　　　B. 第三方平台支付　　C. 电子现金　　　　D. 电子支票

3. 表示企业与企业间的电子商务的英文缩写是(　　)。

A.B2C　　　　　　　B.B2B　　　　　　　C.B2F　　　　　　　D.C2C

4. 表示企业与消费者间的电子商务的英文缩写是(　　)。

A.B2C　　　　　　　B.B2B　　　　　　　C.B2F　　　　　　　D.C2C

5. 小明在淘宝上自动充值话费,在没有人干预的情况下(　　)会确认收货。

A.1 天　　　　　　　B.2 天　　　　　　　C.3 天　　　　　　　D.10 天

6. 淘宝搜索页面右侧栏目是(　　)。

A. 掌柜热卖　　　B. 规则动态　　　　C. 店铺街　　　　　D. 淘宝大学

技能实训

1. 网上购物体验

【实训目的】

(1)通过京东、当当等网上商城了解网上商店的基本结构,了解不同购物网站的商品种类、性价比、购物流程和服务。

(2)掌握 B2C 网上商店购物过程。

(3)感受消费者心理,获取商品的信息,进行商品的比较。

【实验内容】

(1)在浏览器地址栏中输入某购物商城网站的域名地址,进入该网上商城首页。

(2)注册成为电子商城的会员(如果已经是会员可省略)。

(3)查找商品。

①在首页的搜索框中输入想要购买商品的关键词或相应名称。

②比较商品的价格、性能等各项指标。

(4)放入购物车。

在商品详情页面可以了解商品详细的性能参数、规格、价格、服务、物流配送等综合信息,如果决定购买,就直接单击该页面中的"加入购物车"按钮,进入该购物车页面。

（5）消费者把选购的商品放入购物车后提交订单。

①选好商品后单击"去结算"按钮，详细填写收货人信息、付款方式、发票信息、配送方式等信息。如有备注信息，请在下方的"备注信息"中留言，留言不得超过15个字。

②确认无误后单击"提交订单"按钮，生成新的订单并显示订单编号，然后，查看订单详细信息。

（6）消费者进入结算中心，通过电子支付结算账单。

（7）购物完成，等待商家送货。

2. 对比商品

对比在两个以上 B2C 购物网站和两个以上 C2C 个人网店的商品价格及服务，你会在哪个网站或网店购买，说明你的考虑因素（质量保障、价格、销量、商品所在地、配送及售后等）。